AF613747

RAPPORT SUCCINCT

SUR

LA GÉOLOGIE

DES VALLÉES DE L'ATHABASKAW-MACKENZIE

ET DE L'ANDERSON

RAPPORT SUCCINCT

SUR

LA GÉOLOGIE

DES VALLÉES DE L'ATHABASKAW-MACKENZIE
ET DE L'ANDERSON

PAR

LE R. P. E. PETITOT

OBLAT DE MARIE
Missionnaire au Mackenzie
Membre des Sociétés d'anthropologie et de philologie de Paris

PARIS
TYPOGRAPHIE A. HENNUYER
RUE D'ARCET, 7

1875

RAPPORT SUCCINCT

SUR

LA GÉOLOGIE DES VALLÉES

DE L'ATHABASKAW-MACKENZIE ET DE L'ANDERSON

J'écrivis la substance de ce mémoire à l'île à la Crosse le 16 août 1873, et l'adressai au savant professeur Robert Bell, délégué par la Société de géologie de Montréal vers les prairies de la Saskatchewan pour y commencer une série d'explorations géologiques. Ce gentleman m'avait posé par écrit différentes questions relatives à la conformation du bassin de l'Athabaskaw-Mackenzie, à la structure des montagnes Rocheuses et aux terrains que l'on rencontre le long du haut Youkon. Elles provoquèrent de ma part un bref résumé de mes observations.

Quelque temps après mon arrivée à Paris, les circonstances ainsi qu'une lettre de recommandation d'un brillant professeur de la Faculté de Marseille, M. Dieulafait, me mirent en rapport avec une des lumières de la science géologique de la capitale, M. E. Hébert, professeur à la Sorbonne. Prié d'établir l'identité de quelques fossiles que j'avais envoyés en 1866 du Mackenzie et des montagnes Rocheuses, ce savant, aussi éminent que modeste, poussa l'indulgence jusqu'à s'intéresser à la question et à me demander quelques renseignements sur la géologie du bassin arctique de l'Amérique britannique. L'intérêt que daigna me manifester M. Hébert, m'a porté à revoir et à compléter les notes qui me restaient sur le rapport précité envoyé à M. Bell, et à en composer le présent mémoire qui, après tout, est encore fort succinct et n'a d'autre mérite que celui de présenter à l'étude des géologues un pays entièrement neuf.

Entre autres questions M. Robert Bell, collaborateur du professeur Sulvyn, me posait les deux suivantes dont la solution intéresse vivement le gouvernement canadien, et devra influer sur la colonisation probable des districts Athabaskaw et Mackenzie : « 1° Les roches des montagnes Rocheuses situées à l'ouest du Mackenzie, entre l'embouchure de la rivière des Liards et celle du fleuve lui-même, sont-elles cristallines et identiques à celles qui forment les rivages du lac Athabaskaw ? 2° S'est-il formé des dépôts houillers entre ces montagnes et les suivantes de l'Ouest, dans la vallée de la rivière Porc-Epic par exemple, et quelles sont leurs directions ? »

J'aurais pu satisfaire strictement à ces demandes en me bornant à leur faire une réponse catégorique. J'allai plus loin et me permis d'envoyer un résumé de mes observations de douze années de séjour dans le Nord-Ouest. Je ne me pique point d'être géologue pas plus qu'autre chose, et suis avant tout Missionnaire ; je transcris donc ici ces notes amplifiées sans plus de prétention que je n'en ai eu en les confiant au papier lorsque l'occasion s'en présentait, et tout simplement pour en conserver le souvenir.

Le voyageur tant soit peu observateur qui se rend du fort Garry au portage la Loche, et de ce point culminant à l'océan Glacial, par les grandes artères fluviales que suivent les barques de la Compagnie de la baie d'Hudson, ne tarde pas à s'apercevoir durant ce long itinéraire, que le sol de cette portion septentrionale du territoire britannico-américain présente tour à tour des aspérités et des dépressions disposées par alternances parallèles et transversales, obliques par rapport à la direction générale du continent; c'est-à-dire qu'il lui faut traverser une série d'ondulations qui courent du nord-est au sud-ouest depuis le pôle nord jusqu'aux montagnes Rocheuses. Ces ondulations résultent des embranchements qui, après s'être détachés de la chaîne mère, s'enfoncent obliquement dans le Nord-Est et le Nord-Nord-Est, où l'on peut les suivre jusque dans les îles les plus éloignées de la mer polaire. Elles formeront pour moi comme la division naturelle de ce petit travail. J'examinerai l'une après l'autre chacune des zones que ces chaînons quasi parallèles laissent entre eux, et mettrai en relief ce qu'elle offrira de remarquable. La surface du sol, la coupe des falaises et des hautes grèves, le précipice des montagnes pourront seuls être consultés, car je n'ai eu ni le loisir ni les moyens d'opérer des fouilles dans cette contrée presque inconnue aux géologues.

La grande cordillère du Nord qui, sous différents noms, longe la portion occidentale du continent américain, se compose d'une succession d'éperons ou segments parallèles entre eux et posés de biais de manière à envisager le Nord-Nord-Est, quoique tout le système se dirige dans le Nord-Ouest, en imposant cette courbe au continent lui-même. Les solutions de continuité que ces tronçons de montagnes laissent entre eux, permettent à des cours d'eau issus des berceaux du versant occidental de se déverser dans la vallée orientale, qui les conduit à l'océan Glacial. Les rivières Athabaskaw, de la Paix et des Liards, la rivière Rouge arctique et la Peel sont dans ces conditions.

Quelques tribus indiennes du Mackenzie appellent la grande cordillère du Nord *Thé-chesh* (rochers-montagnes) ou montagnes Rocheuses. D'autres la nomment *Sa-yunné*-

kfwè (moutons-rochers) ou montagnes des Bighorns. Enfin certaines tribus, faisant allusion à la forme que j'ai décrite plus haut, la désignent sous le nom poétique de *Ti-gonankkwènè*, c'est-à-dire Epine dorsale de la terre. Effectivement les chaînes de collines et les plateaux allongés qui s'en détachent pour s'étendre dans l'intérieur des terres, représentent assez bien, relativement à la chaîne mère, les côtes d'un squelette gigantesque.

Les points les plus élevés des montagnes Rocheuses, sous le 53e degré de latitude nord, atteignent 5 000 à 6 000 mètres d'altitude; mais le long du Mackenzie ils ne m'ont pas paru avoir au-delà de 1 500 à 2 000 mètres. Sous le 68e degré de latitude nord, où j'ai traversé les montagnes Rocheuses, la chaîne principale, celle dite *des Pics*, est schisteuse ; les secondaires qui lui servent de contre-forts sur les deux versants sont de grès et de calcaire grossier. Je n'ai point vu de granites dans ces montagnes, sauf le long de la rivière Porc-Epic *in statu*, et à l'état de cailloux roulés dans le lit du torrent.

Tout au contraire, les collines et les plateaux situés à l'est se composent en majeure partie de roches granitiques et cristallines contre lesquelles s'appuient des grès, des schistes bitumineux, des calcaires stratifiés, puis des marnes et des sables, terrains les plus récents..

I. Le premier chaînon transversal des montagnes Rocheuses prend naissance un peu au sud du fort Jasper, et sous le nom de *montagne de la Biche* (Wawaskisiwi-Watchiy), sépare la vallée de la Saskatchewan du Nord d'avec celle de l'Athabaskaw. Il se bifurque vers le 112e degré de longitude ouest de Greenwich. La branche septentrionale se dirige dans le Nord-Nord-Est en formant les hauteurs du portage la Loche. Elle est calcaire, mais supporte une couche de sable marin de 200 ou 300 pieds d'épaisseur. La branche méridionale prend le nom de *montagne de la Tor-*

tue (Eskinakou-Watchiy). Après avoir formé la vallée de la Saskatchewan et le bassin des lacs Vert et la Ronge, elle se dirige également vers l'est. C'est cet embranchement que l'on traverse au portage de la Traite. Il est granitique et n'a pas en ce lieu plus de 7 à 8 mètres de hauteur au-dessus de la rivière Missi-nipiy.

Je passerai légèrement sur la nature des terrains qui occupent la zone comprise entre le portage de Traite et celui de la Loche. Les roches qu'on y voit le plus fréquemment sont des calcaires minés et déchiquetés par les eaux, des granites qui les percent en maint endroit, et de vastes accumulations d'alluvions arénacées. On remarque aussi le long de la rivière des Anglais ou Missi-nipiy des schistes et des micaschistes dont les stratifications suivent la direction nord-est sud-ouest. Cette particularité est à noter, parce que nous l'observerons uniformément jusqu'aux rivages de la mer Glaciale. La constance de cet indice et d'autres que je ferai ressortir plus loin, m'a porté à conclure qu'à une époque éloignée, la portion nord-est du continent qui nous occupe a dû être inondée, après avoir passé par une latitude plus méridionale ou avoir joui d'un climat plus fortuné que celui qu'elle a maintenant, puis, qu'elle a été soulevée d'une manière considérable, et que ce mouvement s'est fait sentir du nord-nord-est au sud-sud-ouest.

Non loin du fort la Ronge, poste dont le nom atteste l'origine française, s'élève un rocher à pic de 50 à 60 mètres de haut, qui présente de beaux filons de quartz compacte couleur de chair dans un granit gris. J'ai retrouvé le même genre de roche dans les grands remparts de la rivière Porc-Épic. Les filons sont ici des brèches remplies de haut en bas.

A l'entrée du lac de l'Huile d'ours un autre rocher présente les hiéroglyphes les plus septentrionaux qui existent peut-être en Amérique. Ils sont placés à environ 10 mètres au-dessus du niveau ordinaire de la rivière Missinipiy et ne peuvent être atteints actuellement; or, comme les Indiens qui les ont gravés n'ont pu s'acquitter de ce travail qu'en se tenant assis dans leurs légères pirogues, il faut admettre ou que le niveau de la rivière des Anglais a subi une grande diminution depuis cette époque, ou que la crue de ses eaux lui permet parfois de s'élever jusque-là.

En deçà du portage la Loche toute la région, à partir des lacs Souris et Serpent, est couverte de sables quartzeux de la plus grande pureté. Le bassin des lacs des Sables, Primeau, île à la Crosse, des Œufs ou Clair, du Bœuf et de la Loche en est entièrement formé. On peut donc considérer cette contrée comme le fond d'une mer intérieure, dont les eaux se sont écoulées par la saignée nommée *la rivière des Anglais*, et n'ont laissé au milieu de sables mouvants que quelques mares d'eau saumâtre communiquant ensemble par un canal dépourvu de courant qui est la rivière Creuse. En effet, ces lacs tiennent en dissolution une matière végétale ou animale fétide, couleur vert-bouteille, qui se précipite lorsque les ondes sont agitées par le vent et surnage quand le temps est beau et le soleil radieux. Cette circonstance me porte encore plus à croire cette substance animée. Elle rend les eaux nauséabondes, elle passe au blanc et au violet par la putréfaction et occasionne des miasmes putrides.

Depuis 1862 j'ai constaté dans le niveau du lac de l'île à la Crosse une crue sensible. Son rivage occidental a perdu 12 à 15 mètres de terrain. L'Indien Chippewayan tend maintenant ses rets là où treize ans auparavant je débarquai à pieds sec et me promenai sur une grève large et sablonneuse. L'eau envahit ce rivage à un tel point que les pilotis et les terre-pleins, dont l'ont entouré les Missionnaires, ne peuvent le protéger. Durant un séjour de cinq semaines à l'île à la Crosse j'ai vu ces travaux inondés, les palissades d'enceinte renversées par les vagues qui transformèrent en îlot la résidence et l'hôpital des Sœurs de la charité.

L'empiétement des eaux sur ce rivage peut avoir deux causes : le soulèvement lent mais continu de la côte nord-est, ce qui refoulerait les eaux vers les rivages du sud-ouest; ou l'engorgement de la Missi-nipiy, déversoir de ces lacs, par les sables qu'y entraîne le courant et qu'y pousse le vent du nord-est. J'incline pour cette dernière hypothèse; mais la première mériterait peut-être considération, si le phénomène persévérait durant de longues années.

On ne rencontre ni roches plutoniennes ni cailloux roulés entre le lac la Crosse et le portage la Loche; cependant au lac Vert, à l'ouest de l'île à la Crosse, j'ai trouvé du quartz compacte, des galets de diorite et d'autres roches cristallines.

Le portage la Loche semble être la limite de l'*Ephémère*. Ce névroptère est parfaitement bien nommé *Naltayé* en montagnais, c'est-à-dire celui qui remonte, parce qu'en effet son vol est vertical. L'insecte monte et descend alternativement durant le court espace d'un soleil que la nature lui a donné de vivre. Là aussi disparaît l'engoulevent de Virginie ou mangeur de maringouins (*caprimulgus virginianus*) (1).

II. J'ai dit que l'embranchement septentrional de la montagne la Biche forme les hauteurs du portage la Loche. Il est donc comme la seconde ramification transversale des montagnes Rocheuses entre le lac Winipeg et la

(1) Le *whip-poor-will* ou engoulevent criard (*caprimulgus vociferus*) cesse de se montrer là où le chêne-rouvre s'arrête, c'est-à-dire sous le 50e degré de latitude nord.

mer Glaciale. De plus, il est le point culminant des terres comprises entre ces deux points et il divise les eaux qui leur sont tributaires.

Cette chaîne de hauts plateaux, qui porte le nom de *Chesh-tchor* (grande montagne), enceint la rivière Athabaskaw, revient sur elle-même dans l'Est, pour former la vallée de la rivière de l'Eau-claire, celle des lacs la Biche, Froid, Buffalo et la Loche, puis, se dirigeant vers le lac Wollaston, elle le sépare du lac Caribou et se soude aux rochers granitiques de la baie d'Hudson. Elle croise le 110e degré de longitude ouest, par 56° 36′ 30″ de latitude nord et elle est entièrement arénacée, sur une base calcaire jusqu'au milieu de sa longueur, où elle devient granitique.

Du lac la Loche à la rivière de l'Eau-claire, la largeur de cette chaîne-plateau est de 4 lieues et 9 arpents, mesure anglaise. Elle a 197 mètres au-dessus de la rivière et 512 mètres au-dessus du niveau de la mer, d'après les calculs de Richardson.

Vers le milieu de son cours, la rivière de l'Eau-claire a rencontré des couches calcaires qui lui ont barré le passage ; alors l'humide élément a étendu ses eaux et a commencé un travail de dissection qui a dépouillé la roche des monceaux de sable qui la cachaient, il l'a mise à nu, l'a creusée, perforée, tourmentée, découpée. Ensuite le lit de la rivière s'étant réduit et restreint par la diminution de ses eaux, il en est résulté une succession des plus gracieux vallons formés par dénudation ; une série de gorges étroites plantées de pins de Banks à la taille svelte, où le calcaire grossier et quelquefois lamelleux prend les formes les plus pittoresques. Ce sont des rochers poreux, fissurés, remplis de grottes, de passages souterrains, de cataractes, d'îlots suspendus sur les flots comme des donjons démantelés, d'arcades mystérieuses, de masures crénelées d'où pendent en festons les vignes vierges.

Cet ossuaire de la nature est dissimulé sous une végétation vigoureuse, qui justifie le nom de rivière des Bocages (*Otthar-dès*) par lequel les Chippewayans désignent la rivière de l'Eau-claire.

La couche calcaire dont je viens de parler forme le long de ce gracieux cours d'eau cinq chutes ou rapides, qui occasionnent autant de portages, ou espaces à franchir en portant la cargaison.

A quelques milles plus bas que la dernière chute surgit, sur la rive droite, une source sulfureuse salée qui sort par cinq ouvertures. Elle est abondante et intarissable.

Limite de l'*abies balsamica*, de la viorne *Pembina*, du cormoran. Le lit quelquefois marneux de l'Eau-claire est couvert de mulettes (*unio*).

La rivière Athabaskaw, dont la précédente est un affluent, offre au géologue minéralogiste un vaste champ d'exploration. Ses grèves d'environ 100 mètres d'élévation au-dessus du niveau de ses eaux, se composent de strates obliques de schiste bitumineux, qui reposent tantôt sur du grès, tantôt sur du calcaire granuleux tendant à se dolomiser. Sur un parcours de 20 à 25 lieues ces schistes transsudent l'asphalte qui remplit les marais mouvants (*Ellel'*), dont ces falaises sont surmontées. Le bitume (1) découle en larges nappes de leurs flancs jusque dans la rivière, s'y mélange au sable, y durcit et forme un rivage tantôt amolli par les feux du soleil, tantôt sec et cassant, dont les eaux détachent des fragments qu'elles roulent et transportent le long de leur cours ; on les prendrait en cet état pour du basalte.

Sur la rive droite de la même rivière Athabaskaw, à trois heures seulement en aval du confluent de l'Eau-claire,

(1) Ce bitume doit appartenir au *pisasphalte areniferum*, qui est caractéristique des terrains tertiaires. Je regrette de n'en n'avoir point d'échantillon avec moi.

les falaises portent des traces évidentes d'un feu souterrain qui y a fait irruption. Ces vestiges de la cause ignée nous les retrouverons en maint endroit et jusque sur les rivages glacés de la mer arctique. Les Canadiens les nomment *boucanes*, c'est-à-dire fumées. Ici ces feux sont éteints; mais plus loin nous les verrons en activité. Examinons d'abord la nature du terrain dans lequel ils se sont produits ou plutôt dégagés. Il règne d'abord au-dessus de l'eau une sorte de soubassement de calcaire coquilleux et de marne friable, renfermant une grande quantité d'*atrypa* voisines de l'espèce dite *reticularis* (1), fossile qui caractérise le terrain devonien.

Les eaux ont miné la base de cette couche, de sorte qu'elle porte en encorbellement les stratifications discordantes des schistes bitumineux. Les anciens foyers de la combustion apparaissent entre les couches calcaires ou marneuses et les schistes qui les surmontent, sous forme de cônes grisâtres, qui ont dû être comme autant de soupiraux par lesquels le gaz inflammable spontanément embrasé au contact de l'air fait irruption (2).

D'ordinaire les *boucanes* se trouvent sur le trajet de houillères encore imparfaites, c'est-à-dire formées de lignites incomplètement carbonisés et par conséquent impropres à la forge. En certains lieux cependant la houille qu'on y trouve est excellente; telle est celle de la haute Saskatchewan, de la rivière à la Paix. Ici nous ne rencontrons pas trace extérieure de houille ni de lignite; mais on peut supposer qu'il en existe des filons dans les

(1) Ces coquilles, ainsi que plusieurs autres que nous signalerons dans le cours de ce rapport, ont été déterminées par le savant M. E. Hébert, professeur de géologie à la Sorbonne, et par son collaborateur, M. Munier-Chalmas.

(2) Si j'osais formuler une opinion après une autorité telle que celle que je viens de citer, je penserais que la vallée de l'Athabaskaw Mackenzie appartient tout entière aux *terrains de transition*.

entrailles de la terre, et que c'est au gaz hydrogène proto-carboné des houillères que sont dus les effets que nous venons de constater. Seulement, bien que le *grisou* détone au contact de l'oxygène, comme certains lacs congelés nous en offrent fréquemment des exemples, au commencement de l'hiver, on ne lui reconnaît pas la propriété de s'enflammer spontanément; or ce ne sont pas les Indiens qui ont déterminé l'embrasement des schistes bitumineux de l'Athabaskaw-Mackenzie. Leur ignition intermittente, capricieuse, périodique et errante est d'ailleurs accompagnée d'une forte odeur de pétrole, tandis que l'hydrogène est inodore. Mais les carbures d'hydrogène dont le pétrole est composé ne le rendent, pas plus que le grisou, inflammable de lui-même au contact de l'air. J'abandonne donc cette question aux savants. On me permettra seulement d'observer que dans l'Athabaskaw-Mackenzie les *boucanes* se trouvent sur des couches qui renferment des schistes, du malthe, des lignites ou des houillères, des sources thermales surtout sulfureuses, des dépôts de sel gemme, des cours d'eau salés, des sources d'eau tiède que l'hiver ne saurait congeler ; et cependant qu'on ne rencontre ces mouffettes enflammées que dans les terrains intermédiaires, mais au bord des eaux dans le voisinage des roches cristallines et plutoniennes. En d'autres termes, je les considère comme un des effets de la cause ignée et ayant une grande connexion avec les feux des volcans.

Les résidus des terrains calcinés de la rivière Athabaskaw sont une sorte de terre de pipe propre à blanchir les maisons comme la chaux, et de la chaux véritable.

Les couches calcaires, quoique concordantes, n'apparaissent que par intervalles au-dessus du niveau de la rivière et par ondulations, parce qu'elles sont tantôt submergées et tantôt émergées. Quelquefois ces couches reposent sur du pouddingue. D'autres fois, elles sont remplacées par une marne blanchâtre et friable qui est essentiellement coquillière, et renferme des térébratules et des bellérophons (calcaire devonien et antraxifère).

Toujours sur la rive droite de la rivière Athabaskaw, nous trouvons un lac salé, nommé pour cette raison *la Saline*. Vers l'emplacement de l'ancien fort de la *Pierre-au-calumet* se trouve l'embouchure d'un petit cours d'eau, le long duquel on voit des rochers de serpentine, première apparition des roches cristallines de l'Est.

A une demi-journée du lac Athabaskaw, les hautes grèves de la rivière du même nom s'enfuient dans l'intérieur des terres, preuve que le lit de ce cours d'eau a changé de place, ou plutôt que nous sommes entrés dans son ancien estuaire, converti aujourd'hui en plaine sablonneuse d'abord puis en marécage. En effet les amas arénacés reparaissent là où les schistes finissent et ils bordent la rivière jusqu'à son delta. Celui-ci est considérable, très-bourbeux, découpé en une multitude d'ilots, couvert de prêles, de saules et de roseaux (*acorus calamus*). Il change annuellement de forme, et se trouve quelquefois converti en lac par la crue des eaux de la rivière Athabaskaw combinées avec les eaux des bouches de la rivière à la Paix. Ces bouches sont obstruées de bois charriés par les eaux et de matières sédimenteuses.

Limite de la fougère mâle (*asplenium*), du chèvrefeuille du Canada à la petite corolle lavée de rose, et du lis martagon.

Autour du lac Athabaskaw nous ne trouvons que des roches plutoniennes et cristallines, telles que granites divers, siénite, orthoclase, serpentine grise et verdâtre, diorite. Dans les dépressions de ces terrains de fusion, l'humide élément qui les a dépouillés de leur vêtement arénacé, a abandonné quelques parcelles de terre cultivable. Des conifères et des bruyères se sont hâtés d'y prendre racine, et l'homme a su en tirer parti. Le climat d'Athabaskaw, plus débonnaire que celui du Mackenzie, permet d'y récolter des céréales et des légumes, principalement la pomme de terre. Les arbustes à baies y remplacent les arbres fruitiers, comme partout ailleurs dans le territoire du Nord-Ouest.

Des steppes immenses s'étendent au nord et à l'est de ce lac et de ceux des Esclaves et des Ours. Ils ne sont point marécageux ni sablonneux, mais granitiques et complétement stériles. Ils sont la patrie du renne et du bœuf musqué, qui y trouvent une pâture abondante dans les lichens du genre *cenomice* et *cetraria*, connus dans le pays sous le nom indien de *atchiw, ttsô*, et sous le nom français de *pain de Caribou.*

La rivière Athabaskaw après avoir traversé en diagonale un coin du lac de ce nom, en sort sous le nom de *rivière des Rochers*, qui se convertit en celui de *rivière des Esclaves*, à partir du confluent de la rivière *à la Paix*. Les terrains de la rivière des Rochers sont identiques à ceux du lac Athabaskaw. On dit les bords de la rivière à la Paix très-riches en minéraux, mais je ne l'ai point visitée. Je sais seulement que les schistes bitumineux y reparaissent avec les houillères, et qu'on y trouve aussi du soufre natif, du gypse, du kaolin, des eaux minérales, et même de l'or. Mais ce métal est, dit-on, mêlé au gravier et au sable que roule la rivière.

Dans la rivière des Esclaves j'ai observé la juxtaposition des roches de fusion du lac avec les calcaires en tables ou en ondulations de la rivière Athabaskaw; ceux-ci s'appuyant sur les premières, comme dans la susdite rivière les schistes et les grès s'étageaient sur les calcaires et les marnes. Les sédiments récents et fort gras qui recouvrent ces rochers le long de la rivière des Esclaves sont propres à la culture.

III. A une quarantaine de milles géographiques du lac Athabaskaw nous rencontrons la chaîne des Cariboux, qui ouvre pour moi comme une troisième zone d'explorations géologiques.

Cette chaîne est formée de la réunion de la montagne de l'écorce (*Kkri-chèsh*) avec celle des Caribouх. L'une et l'autre resserrent la rivière à la Paix et la séparent à droite de la rivière Athabaskaw, à gauche de la rivière aux Foins, affluent du grand lac des Esclaves. La soudure des deux montagnes s'opère à l'intersection du 59e degré parallèle et du 113e degré de longitude ouest de Greenwich, où elle forme le long de la Paix un grand rapide, le seul qui existe sur cette noble rivière. Mais la montagne des Caribouх, en traversant la rivière des Esclaves sous le 60e degré de latitude nord, en intercepte la navigation par une série de chutes et de cascades du plus grand effet, qui y nécessitent les cinq portages si connus des voyageurs de la baie d'Hudson.

La plus grande élévation de la montagne de l'Ecorce et de celle des Caribouх est de 270 à 300 mètres au-dessus de la rivière; mais au portage dit *de la Montagne* elle n'atteint que 28 ou 30 mètres. De la rivière des Esclaves elle se dirige dans le nord-est pour aller border la rivière Doobaunt. Les silicates de diverses sortes forment sa base, mais la montagne elle-même n'est qu'une longue dune de sable. On peut comparer cette chaîne et les deux précédentes à un triple barrage formé par les grandes et longues lames d'une mer équatoriale. Les roches que la rivière des Esclaves a mises à découvert en franchissant cette chaussée naturelle appartiennent aux genres siénite, granite, chlorite et porphyres grossiers. Le calcaire se trouve accolé à ces roches dans les portages de la Cassette et du Brûlé. Avec les rapides de la rivière des Esclaves finissent les roches de fusion sur le trajet de l'Athabaskaw-Mackenzie. Depuis ce point, nous ne les rencontrons plus le long du fleuve ; mais elles occupent toute la partie orientale de la contrée à partir d'une ligne droite qu'on ferait passer par le fort Confidence sur le grand lac des Ours.

D'après les Chippewayans, la montagne des Cariboux recélerait beaucoup de sel gemme. La meilleure preuve de leur assertion en est la rivière au Sel (*Tédhay-dèssè-destchè*), dont l'embouchure est située à quelques milles plus bas que les rapides susdits.

Au-delà de ceux-ci, le sol qu'arrose la rivière des Esclaves sur un parcours de 200 milles paraît avoir été ravi peu à peu au grand lac des Esclaves par les apports sédimenteux de ce puissant cours d'eau. Il m'apparaît d'une manière évidente comme un immense fond de lac, uniformément plat, sablonneux ou vaseux, d'abord comblé et submergé par la rivière des Esclaves, puis creusé par retraites successives par suite de l'abaissement graduel de ses eaux. Dans l'état actuel, ses grèves diminuent progressivement d'élévation depuis 10 mètres jusqu'au niveau du lac des Esclaves dans lequel la rivière se jette. Ce travail se continue encore de nos jours d'une manière énergique. D'année en année les sédiments changent la forme de la rivière, par leur accumulation sur certains points et leur déplacement en d'autres. Les grèves accores de ce cours d'eau sans rivage s'écroulent ici pour s'accroître ailleurs ; elles se rompent parfois, et le courant, se précipitant violemment dans les forêts, y ouvre de nouveaux canaux, tandis que les anciens, obstrués par les sables charriés et par la vase, se comblent et se transforment en savanes marécageuses.

A l'embouchure de la rivière des Esclaves se renouvelle le phénomène que nous avons constaté à celle de la rivière Athabaskaw, c'est-à-dire que le courant a tellement entravé son débouché et comblé son estuaire, qu'il a été obligé ensuite de diviser ses forces et de se faire jour à travers les dépôts sédimenteux de son delta, en le divisant en une multitude d'îlots de vase.

Le premier et par conséquent le plus ancien des embranchements de cette rivière est dû à des îles hautes, vastes, semblables en tout quant à leur nature au sol de la terre ferme, et boisées comme celle-ci, de sapins blancs, de peupliers-liards, de trembles et de bouleaux, dont le diamètre accuse plusieurs centaines d'années d'existence (1). Là, devait se trouver l'embouchure primitive. Si, de ce point, nous tirons à droite une ligne jusqu'à l'embouchure de la rivière des Seins (*Tthu-pan-déssé*), et à gauche une seconde ligne qui atteigne le petit affluent appelé *rivière des Bœufs*, nous obtenons un grand triangle dont la base est dirigée vers le grand lac des Esclaves, et qui est entièrement occupé par les bouches de la rivière de ce nom.

Les trois principales branches dépassées, le chenal du milieu se subdivise encore en deux grands canaux, dont l'un, celui de l'est, prend le nom de *rivière à Jean*, corruption de son nom indien, *Dzan-destché*, qui signifie embouchure vaseuse. Ici encore, nous trouvons sur les deltas des arbres en pied, mais ce ne sont plus des coni-

(1) J'ai pu constater, en 1871, au portage de la Bonne (latitude, 55° nord), que les rejetons d'une forêt de pins rouges (*pinus resinosa*), dévorée par l'incendie en 1861, n'avaient poussé que de 30 centimètres en dix ans. A ce compte, leurs ancêtres, victimes du feu, qui mesuraient au moins 20 mètres de haut, auraient exigé six cent soixante-six ans pour atteindre cette dimension ; si tant est que la proportion soit constamment la même, et qu'à mesure que le diamètre du végétal augmente, celui-ci n'exige pas un nombre double d'années ou davantage pour s'élever de *trente* centimètres.

fères ; la formation de ces îlots est donc évidemment postérieure à celle des premiers.

Descendons plus bas. Chaque canal se subdivise en plusieurs rivulets. Mais, sur les îlots qu'ils laissent entre eux, ne cherchez plus le tremble, le liard, ni l'aune ; vous n'y trouverez que de petits saules de 6 à 8 pieds de haut. Plus bas encore, des joncs, des massettes (*typha*), du gros foin (*systeria dyctaloïdes*) ; et enfin plus rien que des prêles (*æquisetum riparum*), végétation tout aquatique qu'envahissent les eaux à l'époque des crues. Ce sont les produits des dernières formations sédimenteuses ; elles ne sont pas même consolidées. Entre elles et le lac s'étend un bourbier mouvant et fluctuant au gré des vagues, qui ne le couvrent que de quelques pouces d'eau. Malheur à l'embarcation qui irait s'envaser dans cet égout de la nature, elle y demeurerait empâtée comme ces innombrables *arrachis* qui montrent, au dessus de l'eau limoneuse, leurs têtes chenues sur un espace immense. Encore quelques années et nous constaterons de nouvelles îles sur ces bancs meubles et sans fond, que les gelées d'un hiver de neuf mois tendent toujours à tasser et à solidifier davantage.

Le même phénomène de formation de terrains a lieu journellement tout le long du grand système fluvial Athabaskaw-Esclave-Mackenzie, depuis sa source jusqu'à son embouchure dans la mer Glaciale. Nous n'avons pas fait mention de ce travail des eaux en parlant de la rivière Athabascaw ; nous n'y reviendrons plus à propos du Mackenzie. Nous en parlerons ici une fois pour toutes, car il est constant et identique tout le long de ce système. Les rivières à la Paix, des Liards, aux Foins, Peel, Porc-Epic, et, en un mot, tous les cours d'eau qui descendent des montagnes Rocheuses sont soumis aux mêmes lois.

Voici donc ce qui s'opère le long de ces rivières. A

l'exception du Mackenzie proprement dit, elles n'ont point de rivage praticable aux piétons. Dans les baies, leur berge est coupée à pic et les vases ou les sables qui la composent s'avancent et se projettent au-dessus des eaux en porte à faux. Dans cette section du terrain, il n'est pas rare de découvrir, à de grandes profondeurs, des troncs d'arbres énormes couchés qui y ont été ensevelis il y a plusieurs centaines d'années, et qui y dorment, en attendant qu'un nouveau remaniement du sol par la rivière vienne les livrer de nouveau au courant. D'autres fois, les terres, en s'éboulant, laissent voir de grands dépôts de glace, qui forment ainsi comme des glaciers souterrains et ont eu, par leur dilatation, assez de force expansive pour soulever le sol correspondant, de manière à lui faire prendre la forme d'un monticule. Or donc, non seulement l'élément humide mine et corrode les fondements de ces grèves friables, mais il les sape, et, se faufilant en dessous à la profondeur de plusieurs pieds, il y détermine des éboulements considérables qui ont le double effet d'élargir la rivière d'un côté pour la rétrécir de l'autre.

En effet, l'eau après avoir englouti ces terrains, les délaye et va les déposer sous forme de sédiments sur les pointes basses ; parfois même, elle se contente d'entraîner la parcelle détachée et l'abandonne, avec tout son revêtement d'arbres et de verdure, au milieu de son lit, pour en faire une île nouvelle. Mais le premier effet est le plus ordinaire. En ce cas, les rivages bas et les bancs submergés gagnent et profitent au détriment des côtes accores. La vase, en s'amoncelant sur ces points, arrête bientôt au passage les arbres et autres végétaux que ces cours d'eau fougueux charrient en grande quantité. Ceux-ci, en s'engageant sur ces bancs limoneux, en consolident d'autant les amas encore meubles. Il n'en résulte d'abord que des *battures* molles, visqueuses et inondées à l'eau haute, mais qui retiennent stationnaires les *arrachis* ou arbres charriés. L'année suivante, de nouveaux apports de sédiments ayant cimenté dans leur lit de vase ces vétérans de la forêt, ils servent comme de base et de fondement à ces constructions d'un genre tout nouveau pour nos architectes, mais cependant aussi vieux que le monde.

C'en est fait, le banc ou l'îlot sédimenteux atteint le niveau des eaux ; encore une année et il l'aura dépassé. Alors une jeune et vigoureuse végétation, qui s'est servie de l'eau elle-même comme d'un véhicule pour se transporter sur cette *terra incognita*, se disputera bien vite la première occupation de ce sol vierge vomi par le fleuve. Les prêles d'abord, puis les cypéracées, les joncs, les saules et enfin les peupliers balsamiques et les trembles, s'y implantent successivement, au fur et à mesure que les premiers d'entre ces colons ont affermi le sol pour leurs successeurs. En s'y pressant, en y enchevêtrant leurs racines ils achèvent de constituer à tout jamais le terrain émergé, emprisonnant entre leurs jeunes troncs les grands corps envasés des derniers *arrachis* que le flot y a poussés. Il n'a pas fallu un grand nombre d'années à la *batture* pour devenir une pointe élevée capable d'imprimer au courant une déviation majeure. Il en a fallu encore moins au banc limoneux et mobile pour se transformer en une île spacieuse dont le centre est souvent plus bas que les bords et se change quelquefois en étang ou en marécage. L'année dernière j'ai pris mes repas et j'ai bivouaqué sur des îles boisées de saules jeunes mais touffus et élancés, qui, il y a douze ans, n'existaient qu'à l'état de bancs invisibles à l'eau haute. J'ai passé en barque, dans tel chenal du lac la Loche, du lac des Esclaves et du Mackenzie où peu d'années après on ne pouvait même circuler avec la pirogue d'écorce du sauvage.

Pour admettre la possibilité d'effets si puissants, alors que dans nos contrées civilisées les mêmes causes qui devraient les produire sont comme endormies et même mortes, il serait à désirer que les savants pussent contempler les prodigieux entassements d'arbres de toute grosseur et de toute dimension que les eaux déposent le long des cours d'eau, sur les îles, sur les rivages des lacs, et dont elles obstruent leurs embouchures. Si l'on faisait le compte de tout le bois que roule la seule rivière des Esclaves et que le grand lac de ce nom engloutit ou transmet au Mackenzie par le moyen du courant qui le traverse, je crois qu'on ne serait pas au-dessus de la vérité en portant à 12000 pieds cubes la quantité qui passe en un seul jour par la principale de ses bouches. A ce compte ce ne serait pas moins d'un million de pieds cubes de bois que le cours d'eau charrierait pendant les trois mois qu'il est ouvert à la navigation. Et je suis persuadé toutefois que ce chiffre est au-dessous de la réalité.

Voilà des faits auxquels des yeux européens ne sont pas ou ne sont plus habitués, et qui modifieraient plus d'une opinion reçue, plus d'une théorie ingénieuse, plus d'une hypothèse irrépréhensible, il est vrai, au point de vue de la foi et par conséquent soutenable, en vertu de laquelle des milliers et des milliers d'années sont requis pour la formation d'une houillère ou d'un terrain stratifié; mais opinions, théories et hypothèses qui ne sont point indiscutables.

Un fait du moins incontestable, c'est que l'Athabaskaw-Mackenzie que nous avons vu envaser la portion occidentale du lac Athabaskaw, remplir de matières sédimenteuses les 200 milles qui séparent la dernière chaîne granitique des Cariboux du grand lac des Esclaves, reculer par conséquent d'autant le rivage de ce bassin comme il a reculé celui du premier, rapproche aussi le rivage occidental du lac des Esclaves en ensablant la sortie du Mackenzie, déversoir de ce bassin naturel d'épuration. L'examen des lieux nous a convaincu que le fleuve ne commençait dans le principe qu'à la pointe appelée la *Tête de la ligne*, où la rapidité du courant devient telle, qu'elle exige qu'on traîne les barques au moyen d'une *ligne de touée* depuis son embouchure jusqu'à ce point. Les bassins nommés Petit-Lac et lac Stagnant (*Tatégéli-t'ué*) faisaient évidemment partie du grand lac des Esclaves, dont les hautes grèves sont encore visibles sous le nom de *montagne de la Truite*, rochers calcaires de 100 à 130 mètres d'élévation seulement. Maintenant, toute cette portion du Grand-Lac, envasée et découpée en chenaux comme les bouches de la rivière elle-même, est parfois si peu profonde, que la quille des barques qui la traversent en sillonne le limon. J'ai même vu à sec le canal naturel qui existe entre la terre ferme et le grand delta appelé *la Grande-Ile*, du côté du nord-ouest.

Quelles conclusions ne seraient pas amenés à tirer les savants qui s'occupent de la science géologique *ex professo*, si des faibles causes modernes dont nous venons de voir des effets pourtant si puissants ils se reportaient à celles, bien plus rigoureuses, mais identiquement les mêmes, qui agirent dès le commencement des temps ?

Avant d'abandonner cette mine fertile en considérations géologiques, on voudra bien me permettre d'insinuer une hypothèse qui s'est présentée naturellement et plusieurs fois à mon esprit, durant le long itinéraire de l'Atlantique à la mer Glaciale arctique. Peut-être a-t-elle quelque fondement; toutefois je me garderai bien d'étayer sur elle aucun système :

Les immenses dépôts arénacés qui depuis le lac Ontario se perpétuent à travers le continent de l'Amérique du Nord jusqu'aux bouches du Mackenzie, au milieu des alternances du noyau planétaire qui les supporte et les perce quelquefois, et des stratifications calcaires qui s'y substituent d'autres fois, ces dépôts siliceux, dis-je, ne pourraient-ils pas prouver que cette portion du continent était un fond de mer et qu'elle a été desséchée à une époque plus ou moins éloignée de nous? Cette hypothèse pourrait s'appuyer en outre : 1° sur le voisinage des grandes prairies de l'Ouest qui, elles aussi, offrent des traces non équivoques du séjour des eaux ; 2° sur l'espèce d'enchaînement qui existe entre le golfe Saint-Laurent et l'estuaire du Mackenzie par le moyen des grands lacs Ontario, Erié, Huron, Michigan, Supérieur, la Pluie, des Bois, Winipeg, Winipegous, Manitoba, Caribou, Wollaston, Doobaunt, Athabaskaw, des Esclaves, la Martre, des Ours, des Bois flottants, Colville et des Esquimaux ; 3° sur les dépôts de sel gemme et les sulfates divers que renferment et les terrains que nous avons déjà examinés, et la vallée du Mackenzie, et les prairies de l'Ouest dont le sol est imprégné de carbonate de soude; 4° enfin sur la fréquence des madrépores fossiles des genres *favosites, cyathophyllum, amplexus, zaphrantis* et *phyllocœnia*, et des échinides ou châtaignes de mer.

Je laisse aux savants à débattre cette question.

Le grand lac des Esclaves sert de limite septentrionale au pékan, au pélican, à la lakèche (*hyodon clodalis*), à la carpe rouge, au *sedum rhodiola*, à la ficaire, à l'asphodèle, à l'adonis, à la campanule-raiponce et à l'arénaire. On commence à y rencontrer l'*inconnu* ou saumon de Mackenzie.

Dans la partie septentrionale et orientale de cette petite mer intérieure des rochers granitiques bordent les rivages, et des îles également de granit, arrondies comme la croupe d'un cachalot et polies par l'action des glaces, s'élèvent du sein des ondes limpides. La hauteur des falaises varie entre 25 et 100 mètres. La plupart des îles Simpson et

Cariboux sont des blocs d'orthose pur ou de quartz compacte sans aucun mélange. Aussi sont-elles dépourvues de végétation. Toute la côte septentrionale l'est également, sauf le long des cours d'eau. Une longue, haute et étroite presqu'île nommée la Flèche (*Kkra*), qui sépare les baies Mac-Léod et Christie, est formée, entre autres roches ignées, de serpentine brunâtre nommée *Kkras* (ce qui se creuse) susceptible d'un beau poli. Les Indiens Couteaux-Jaunes (*T'a-tsan-ottinè*) se servent de fragments de cette roche pour se fabriquer, sans autres outils qu'un clou, un petit couteau et une vieille lime, des calumets ou pipes parfaitement finis et façonnés. On les dirait faits au tour. Les *Dénès* d'Athabaskaw se servent, pour cet usage, de la serpentine verdâtre et d'une autre gris-de-perle qui sont encore plus belles. Ces calumets, si remarquables pour la grâce de leurs formes qui les rapprochent des sculptures mexicaines, et pour leur poli, se nomment *Thè*, c'est-à-dire pierres. L'extrémité de la longue presqu'île dont je viens de parler a nom *la Roche aux Pipes* ou la Pierre aux Calumets.

Bien que le pourtour de la baie Raë soit formé de roches de fusion à l'est et au nord, son rivage occidental présente des falaises dont le calcaire est teint en rouge par l'oxyde de fer. Un peu plus loin dans l'Ouest, des marécages contiennent du malthe liquide ou plutôt moelleux, dont se pourvoient les forts du Mackenzie pour le brayage des barques. Il est nécessaire de le soumettre au préalable à l'ébullition avec un mélange de graisse.

Les îles Brûlées contiennent aussi du bitume mais il est durci, concassé et jonche les rivages à l'état de galets. La source paraît en être tarie. Ces îles offrent des ondulations parallèles et alternes de calcaire grossier et de dépôt siliceux, dont la direction est du nord-est au sud-ouest, comme celle des couches stratifiées des montagnes et des chaînons de la grande Cordillère.

Dans le Sud et dans l'Ouest les côtes du grand lac des Esclaves sont plates, formées d'alluvions de gravier, de sables quartzeux, de galets granitiques et autres roches cristallines ; mais à la *Grande Pointe brûlée,* elles sont jonchées de débris de calcaire madréporique et coquilleux, dans lequel domine le *favosites reticularis* (1). Il m'a semblé aussi y distinguer des bélemnites ; mais comme ils étaient profondément incrustés je n'ai pu m'en assurer. Peut-être et plus probablement étaient-ce de très-petits *cyathophylla.*

A la *Pointe de Roche* sont de grands amas de galets roulés appartenant tous aux roches dues au métamorphisme ou aux roches de fusion, telles que orthoclase, grès, gneiss, trapp, siénite, granites divers, quartiers de bitume durci. Dans les marécages de la Grande-Ile et de la terre ferme qui l'avoisine on se procure un tuf blanc, crayeux, onctueux au toucher, assez semblable à du kaolin, qui est toujours mou et en dissolution dans le terrain humide. Des dépôts semblables abondent dans tout le bassin du Mackenzie. On se sert de cette craie (si tant est que cela en soit) pour blanchir les murailles et les maisons. Elle ne produit aucune effervescence par son mélange avec l'eau et ne s'attache pas aux murailles comme la chaux. Il faut donc la mélanger avec de la colle claire. Ces dépôts, qui doivent appartenir aux terrains secondaires, sont superposés à ceux qui contiennent les *cyathophylla.*

Jusqu'au *Petit-Lac,* où nous rencontrons la quatrième ramification des montagnes Rocheuses, la montagne la Corne, le sol n'offre que des alluvions récentes, des sédiments déposés par le courant qui, après avoir traversé

(1) Hébert.

le lac des Esclaves, prend le nom de Mackenzie. Sur la terre ferme, ces alluvions abondent en cailloux roulés, et on en voit aussi de grands monceaux aux extrémités des îles formées par le déversoir du lac. En ce lieu est située la Mission catholique de la Divine-Providence. Les jardins y produisent abondamment la pomme de terre et les légumes, voire même quelques céréales. La récolte ordinaire de la pomme de terre varie entre 400 et 600 double-décalitres par an. J'apprends à l'instant même que la récolte de l'automne dernier en a donné 1 000.

L'extrémité occidentale du grand lac des Esclaves sert de limite naturelle au polatouche (*pteromyx volucella*), à la chauve-souris, au gros tétras tiqueté de noir (*tetrao obscurus* sive *Sayi*), qui produit en faisant la roue un bruit sourd qui s'entend de fort loin; à la grue blanche, à la corneille, au *buprestis octo-punctata*, à la petite éphémère.

Sur les rivages sablonneux du *Petit-Lac* j'ai trouvé la *cicindela hirticollis*; mais on ne la rencontre plus au delà.

IV. Le nom de *montagne de la Corne* est une corruption du mot indien *étéyé-chié* (dernière-montagne), duquel le mot *été* (corne) se rapproche. Cette chaîne est en effet le dernier rameau rocailleux des montagnes Rocheuses que l'on rencontre le long du Mackenzie, en remontant le fleuve depuis la mer Glaciale. Or, c'est de ce côté que les *Dénès* ont pénétré dans le Mackenzie.

La montagne la Corne traverse le Mackenzie sous 62°40′ de latitude septentrionale pour se diriger dans le Sud-Ouest. Elle borde toute la rive droite du fleuve depuis le Petit-Lac jusqu'au-delà de l'affluent des Nahannès. Sa largeur est de 18 milles anglais environ et son élévation au-dessus du fleuve de 800 à 1000 pieds anglais.

Cette altitude est à peu près commune à toutes les

ramifications de la grande Cordillère qui traversent la vallée du Mackenzie; on peut se convaincre que le lit de ce fleuve a dû avoir jadis une largeur bien plus considérable, et que ses dimensions ont diminué progressivement, comme l'attestent les terrasses naturelles superposées par retraites successives dont se composent toutes ces chaînes de plateaux, la montagne de la Corne entre autres. Lorsque le fleuve coulait entre les terrasses supérieures, tout l'espace compris entre la montagne des Caribous et celle de la Corne devait être un lac immense, et c'est ce qui explique la nature alluvienne de ce bassin. Le travail de la grande artère qui le traverse n'est point encore terminé; il ne le sera que lorsque le Mackenzie aura vu se rétrécir encore son lit actuel, large de 1 à 5 milles anglais, et que les hautes berges qui bordent son cours auront, par leurs éboulements successifs, atteint l'inclinaison de 40 degrés à laquelle les montagnes s'arrêtent ordinairement.

Dans le haut Mackenzie, depuis sa sortie du *Petit-Lac* jusqu'à l'affluent des Na-hannès, on ne voit que des couches argileuses ou des amas d'alluvions terreuses anciennes alternant avec du poudingue et quelquefois de la mollasse. Une couche de terre végétale et de tourbe recouvre ces dépôts, dont l'épaisseur totale n'excède pas 100 pieds dans les grèves les plus élevées. Parfois les schistes friables reparaissent, mais sans porter de traces d'ignition ni de bitume. Je pense que ces couches diverses des groupes tertiaire et moderne reposent immédiatement sur le calcaire anthraxifère, car dans les lieux où les dépôts inférieurs ont été soulevés par la cause ignée, c'est toujours le calcaire par tables redressées qui apparaît et perce les couches alluviennes; les granites et autres roches plutoniques ne se montrant qu'à 3 ou 4 degrés dans l'Est. Le long du fleuve nous ne les rencontrerons plus qu'à l'état de vastes dépôts de galets roulés par les eaux et de toutes dimensions. Parfois les rivages, qui alors sont très-vastes, en sont littéralement pavés; d'autres fois ils sont mobiles et s'élèvent comme des promontoires à chaque pointe de terre et à l'extrémité de toutes les îles.

Le terrain contenant beaucoup de ces galets est d'une culture difficile; mais les îles boueuses sont fertiles. Les deltas vaseux de la rivière des Liards, par exemple, bien que le sol en soit congelé durant huit mois à plusieurs pieds de profondeur, produisent en été des céréales et des légumes. Ce point est la limite de la tourterelle, de l'hirondelle américaine à nid plat (*chœtura pelasgia*) et de l'engoulevent à ailes d'hirondelle (*nauclerus fulcatus*). Cependant, quand l'été est chaud et que l'automne s'annonce calme, ce fissirostre descend jusqu'au 66e degré de latitude nord; mais je ne l'y ai vu que durant un seul été. On commence à rencontrer le long des rivages argileux les *arctomys* ou siffleurs; au-dessus des cours d'eau l'élégante mouette de Bonaparte (*xema Bonapartii*), et dans les lacs de l'intérieur les grands plongeons, dont il y a trois espèces.

A 80 milles en aval du fort Simpson, chef-lieu du district Mackenzie, le fleuve *Naotcha* (1) se dirige vers les montagnes Rocheuses, qui ouvrent une de leurs vallées pour le recevoir. Il la parcourt depuis le 62e degré de latitude nord jusque vers le 66e degré, flanqué à droite et à gauche d'une double muraille de rochers tantôt calcaires, tantôt de grès et parfois schisteux, dont les stratifications obliques et ondulées inclinent du nord-nord-est au sud-sud-ouest. L'altitude de celles qui bordent le fleuve est de 500 à 700 mètres au-dessus de son niveau. Mais les pics qui dominent encore ces remparts naturels peuvent avoir

(1) Rivière aux terres géantes, nom indien du Mackenzie.

1400 ou 1500 mètres. Quant aux berges immédiates du Mackenzie elles varient entre 80 et 300 pieds d'élévation.

En présence de la double rangée de rochers-remparts qui ont valu à ce beau cours d'eau le nom bien mérité de *fleuve aux rives géantes* que lui donnent les Indiens (Na-kotcha; Na-kotsia-kotchô; Nan-kotchrô-ondjig), le voyageur ne saurait retenir un cri d'admiration. Leur muraille presque perpendiculaire semble avoir arrêté les eaux du fleuve pour les transformer en un lac de 2 lieues de large, mais d'une longueur de 8 à 10, lac tout parsemé d'îles boisées et qui mire dans ses eaux calmes ses gigantesques rivages.

Mais ces montagnes ont un attrait de plus pour le géologue; elles sont pour lui une belle et irrécusable illustration de la théorie des soulèvements d'Elie de Beaumont. Habitué aux cataclysmes qui se produisent durant l'hiver à la surface congelée des petites mers intérieures du Nord-Ouest, nous n'avons pas de peine à admettre le système des soulèvements successifs de la croûte terrestre, à cause de la similitude frappante que présentent les chaînes de banquises soulevées et certaines dispositions des montagnes. En observant et en étudiant les puissants effets produits à la surface des grands lacs par le refroidissement progressif de leurs eaux, par le dégagement de l'hydrogène renfermé sous leur épaisse couche de glace, par la pression énorme des champs de glace les uns contre les autres ainsi que contre les rivages qu'ils disloquent, désagrégent et entraînent; en contemplant les prodigieux travaux de maçonnerie que la débâcle opère le long du Mackenzie, alors que les banquises gigantesques se poussent, se soulèvent comme d'immenses monolithes, retombent avec fracas en se brisant et en broyant tout ce qu'elles rencontrent; alors qu'en se pressant, en se compénétrant, en se soudant les unes aux autres, elles se disposent en étages qui atteignent jusqu'à 30 pieds de haut, et laissent le long du fleuve une double muraille bâtie avec des dalles de 8 à 10 pieds d'épaisseur, si solidement cimentées, que les ardeurs du soleil ne peuvent les faire disparaître qu'après un mois de travail. En étant témoin de tels effets: « Ainsi, me disais-je, devait-il en être au commencement des temps et pendant les révolutions successives par lesquelles a passé notre planète. » Je comprenais alors plus facilement cet amalgame de matériaux et cette succession de terrains que nous observons avec étonnement dans la croûte ou écorce terrestre; seulement il me paraît probable que souvent un cataclysme instantané a dû suffire pour produire tel effet, que l'on assigne ordinairement à des causes lentes et exigeant une période de temps indéterminée. Qu'on veuille bien me permettre d'établir quelques comparaisons entre les effets du froid sur les mers intérieures des contrées boréales et ceux du refroidissement sur la croûte terrestre.

La glace n'atteint pas moins de 6, 10 et même 12 pieds anglais (1) d'épaisseur sur les grands lacs des Esclaves et des Ours et sur beaucoup d'autres grandes expansions d'eau de l'intérieur. Cette glace, en se dilatant sous l'excès d'une température qui fait descendre le thermomètre centigrade jusqu'à 50 degrés au-dessous de zéro, se lézarde et se crevasse. L'eau, en remplissant aussitôt ces ouvertures, empêche toute expansion ultérieure. Si le récipient était un vase quelconque, il se boursouflerait ou se romprait; mais ici c'est le sol, c'est le granite qui est le contenant. Com-

(1) J'emploie souvent le pied anglais comme mesure, parce que, en effet, nous n'en avons pas d'autre dans l'Amérique du Nord. Le lecteur pourra aisément réduire ces pieds en mètres, 1 mètre valant 3 pieds, 3 pouces et un peu plus de 3 lignes; et 1 pied anglais équivalant par conséquent à 0m,30c,479.

ment fera la glace pour se dilater davantage? Elle tasse toutes ses molécules, jusqu'à ce que la force de la compression détermine un soulèvement de la partie médiane. Sa surface se fissure alors non plus par l'écartement des parties, comme tantôt, mais par leur trop grande pression. Cette pression continuant toujours, les lèvres de ces crevasses longitudinales s'élèvent au-dessus de la surface du lac et forment comme des chaînes de rochers de glace qui, sur le grand lac des Ours par exemple, atteignent jusqu'à 6 et 8 mètres de haut, mais qui, sur mer, dépassent bien au delà cette dimension et constituent ce que nous nommons *montagnes de glace* et les Anglais *ice-bergs*.

Lorsque ces chaînes de glaçons soulevés n'atteignent qu'un mètre ou deux d'élévation, les Canadiens les nomment *bourguignons* ou *bordillons*.

La hauteur des montagnes et des rochers de glace est en raison directe de la profondeur de l'eau et de l'épaisseur du champ de glace dans lequel ils se forment. Ces éminences sont ordinairement en zigzag et sont conformées comme les dents d'une scie, c'est-à-dire que leur versant en dos d'âne et leur précipice se contrarient en se succédant alternativement, disposition qui les rend presque infranchissables. Il m'est arrivé de parcourir un vaste espace et de perdre plusieurs heures, sur le grand lac des Ours, à chercher une *passe*, un *col* qui me permît, ainsi qu'aux Indiens qui m'accompagnaient, de traverser certaines chaînes de glaçons, dont une nuit seule avait déterminé la surrection. La raison en est que nous ne rencontrions sur toute leur longueur que des rampes terminées brusquement par un escarpement de plusieurs mètres, ou des murailles au pied desquelles s'étendait une mare d'eau vive et sans fond. Dans ce cas la hache seule pouvait nous frayer un étroit sentier; encore ne pouvions-nous franchir ce défilé sans que quelqu'un des nôtres fit connaissance avec l'eau froide des crevasses.

Eh bien, cette disposition est identique à celle que présentent les montagnes Rocheuses dans la vallée longée par le Mackenzie.

On ignore peut-être en France que les énormes couches de glace qui recouvrent nos grands lacs américains sont souvent formées de plusieurs stratifications séparées par autant de nappes d'eau d'abord liquide et qui se congèle ensuite. Ce phénomène a lieu lorsque l'eau des sources ou du lac lui-même, ayant inondé la surface de la glace par quelque fissure, vient à se congeler superficiellement, de manière à présenter un lit d'eau entre deux lits de glace. Cette eau finit toujours par se solidifier, mais non sans laisser à la couche de glace qu'elle forme sa couleur et sa contexture propres.

Ne pourrions-nous pas avoir dans ce fait, en lui-même très-simple, une explication de la manière dont se sont produites certaines stratifications de l'écorce terrestre, celles par exemple dont l'origine est neptunienne ?

Après que nos lacs et nos fleuves sont congelés, il arrive d'ordinaire que, par suite de l'abaissement du niveau des eaux, la glace demeure suspendue dans le vide, ce que les Indiens nomment *t'en-dhulé, tt'en-wu, t'œn-ja*. Mais ce n'est pas pour longtemps, car la portion centrale de la glace s'affaisse jusqu'au niveau de l'eau, tandis que ses bords se détachent et se soulèvent. Il résulte de cette nouvelle disposition une sorte de berceau, de vallon naturel.

Sur les grands lacs, ainsi que sur mer, il se produit dans la surface de la glace des ondulations qui ressemblent à celles de la houle, mais qui deviennent immobiles dès que les glaces ont pris leur assiette. Ce travail ne se fait pas sans occasionner le déplacement de l'air méphitique comprimé entre l'eau et la glace ; or cet air, qui est ou de l'acide carbonique tenu en dissolution dans quelque source cachée, et qui se dégage sous la pression de la glace; ou bien, et plus probablement, de l'hydrogène protocarboné qui monte des fonds vaseux et couverts d'herbes, cet air imite exactement les détonations et les grondements du tonnerre, mais d'un tonnerre continu, de plusieurs semaines durant, et qui n'a lieu d'ordinaire que pendant la nuit. Qui a jamais entendu parler en France de lacs tonnants? Rien de plus commun pourtant dans l'extrême nord de l'Amérique, particulièrement dans les lacs qui recèlent des sources dans leur sein (*t'en itsié-wékwon*). Nous avons donc ici une imitation des grondements souterrains qui précèdent les éruptions volcaniques.

Lorsque ces gaz ne peuvent s'échapper par les bordages ou en déterminant des fissures, ils forment le long des rivages des boursouflures mamelonnées semblables à une chaîne de volcans en miniature (*Kfwè-ta-ro*) ; ou bien, si c'est sur un fleuve, on voit tout à coup surgir du milieu de sa surface congelée une multitude de cônes tronqués et ouverts au sommet, par où s'exhalent les effluves emprisonnées sous la glace. J'ai mesuré à Good-Hope, en 1865 et en 1871, de ces cônes qui avaient de 9 à 10 pieds de haut.

Tous ces effets singuliers, mais ordinaires aux climats arctiques, nous reportent naturellement aux premiers âges du monde et nous donnent, ce me semble, une explication plausible de la formation des volcans, des cônes trachytiques, des chaînes de puys, etc. Mais, de même que les phénomènes déterminés dans les glaces par le refroidissement successif des eaux n'exigent pour se produire ni des années, ni des mois, ni des semaines, ni même des jours, mais qu'ils ont lieu instantanément et par un surgissement spontané; ne pourrait-on pas, et *à fortiori*, en dire autant de ceux qui eurent lieu au commencement des temps dans la croûte de notre planète?

Enfin, il est encore un autre phénomène que je crois propre à jeter quelque clarté sur l'intéressante question de la formation des terrains de sédiment; c'est celui que nous offrent les entassements de la neige par les vents.

Dans les contrées arctiques les vents soufflent rarement, sauf à des époques réglées, au retour du soleil sur l'horizon par exemple; mais, quand ils se produisent, c'est avec une force terrible, avec une impétuosité qu'aucun obstacle n'entrave, et avec une durée de plusieurs jours. Pendant l'été, ces perturbations atmosphériques se montrent quelquefois sous forme de *tornados* ou *cyclones*. Lorsqu'elles ont lieu en hiver, elles dégénèrent le plus souvent en ouragans accompagnés d'une neige gelée très-fine, impalpable comme des cendres volcaniques, neige qui s'infiltre partout, glisse sur la glace vive et forme dans les lieux habités des bancs très-épais et si tassés, qu'après une nuit on peut les gravir sans y enfoncer. Ces vents ou tourmentes se nomment *poudreries* et durent de trois à six jours. Voici comment les bancs se forment.

Comme les vents soufflent par ondulations et bondissent sur les surfaces congelées des lacs comme un galet lancé par une main adroite ricoche sur le miroir des eaux, les points que le vent touche de son aile sont balayés, débarrassés de toute neige, et la glace apparaît à nu, noire, polie et veinée comme du marbre; au contraire, les lieux qu'il épargne en ricochant reçoivent toute la neige des points dénudés, plus celle que le vent chasse de lui-même. Il en résulte des bancs de neige drue et pressée dont la marche est semblable à celle des dunes, auxquelles ils ressemblent d'ailleurs. Venez-vous à les traverser en caravane, vos pieds et ceux de vos chiens n'y laissent presque pas d'empreintes; néanmoins ces pistes, quelque peu profondes qu'elles soient, seront plus durables que celles que votre passage forme dans une neige molle et qui est tombée doucement. Tous vos vestiges sont enfouis aussitôt sous une multitude de couches fines comme les feuillets d'un livre, mais pressées, nettement dessinées, quoique jetées à la hâte par le vent. Les bancs de sable et de neige ainsi formés par des ouragans violents sont, en effet, toujours stratifiés et présentent des escarpements à pic du côté opposé à celui d'où le vent souffle ; tandis que la neige qui tombe et se dépose mollement n'offre aucune espèce de stratifications.

A deux, trois, quatre mois d'intervalle même vent ou un autre va souffler aussi violemment dans ces parages et détruira probablement les effets du précédent. C'est ce que nous voyons tous les jours; mais il reformera ailleurs ce qu'il a défait ici. De nouveau la surface du lac sera nettoyée, mise à nu de nouveau; le marbre noir de sa croûte glacée apparaîtra brillante et polie; mais vous y apercevrez, en relief, sur la neige dure, des empreintes délicates et parfaites; ce sont les morsures nettement tranchées des sabots du renne, le moule exact des pattes de chiens, de loups, de renards, les larges pistes du carcajou ou du lynx, des vestiges de pieds d'hommes chaussés de mocassins ou armés de raquettes, des sentiers tracés par les traîneaux, etc. Vous diriez qu'un troupeau de ruminants au pied léger, qu'une bande de carnassiers, qu'une caravane de voyageurs ou une horde de sauvages viennent de passer le matin ou la veille en se succédant aux lieux mêmes que vous parcourez. Combien de fois n'y ai-je pas été pris dans mes premières années de séjour dans les contrées arctiques! Combien de fois n'ai-je pas fait sourire mes guides indiens par mes questions à cet égard! Ne vous y trompez pas, vous avez sous les yeux des empreintes formées il y a plusieurs mois sur des bancs de cette neige stratifiée et fine, si plastique, que le vent vient de corroder et d'emporter en ne laissant que la sculpture en ronde bosse de vos pas, tandis qu'à l'instant il efface, au fur et à mesure qu'elles se produisent, vos pistes sur la neige fraîchement tombée. L'Indien et l'homme accoutumé à la vie du désert ne sont jamais trompés par ces vestiges.

Eh bien, je n'ai pu être témoin de ces simples faits — et combien de fois ne les ai-je pas observés en treize ans! combien d'autres que moi ne les auront pas constatés! — sans penser au genre de formation probable des couches terrestres; sans me demander si, en raison même de leur superposition par lits innombrables, nous n'aurions pas *à pari* la preuve de la rapidité de leur formation; si les vents, qui au commencement des temps durent avoir une véhémence indicible, surtout lors des premiers mouvements des orbes célestes, lorsque l'étoile du jour par son apparition subite mit en émoi et en motion toutes les vapeurs qui couvraient la terre, si les vents, dis-je, ne durent pas avoir la plus grande part dans la stratification des couches terrestres; s'il ne faudrait pas attribuer en un mot à la fortuité d'une cause si violente, si capricieuse, mais en même temps si puissante, les ondulations, les lacunes et les compénétrations que l'on observe dans les séries de terrains dont le morcellement embarrasse si souvent les géologues. Peut-être ne tient-on pas assez compte des vents dans tous les cataclysmes qui ont transformé la face de notre planète. Mais il ne nous appartient pas de juger de ces choses. Nous laissons humblement aux savants à décider, nous contentant de fournir les quelques données que l'expérience des contrées arctiques nous a suggérées.

V. La cinquième ramification orientale des montagnes Rocheuses est la Montagne-en-chaîne (*Chiw-Kolla*). Elle se détache de la chaîne mère sous 63° 24' de latitude nord et 124 degrés de longitude ouest, et se forme de mamelons informes de 300 à 400 pieds d'élévation au-dessus du Mackenzie.

Au lieu où elle traverse le fleuve, elle forme un léger rapide et montre, dans un îlot qui occupe le milieu de son cours, sa contexture qui est le gneiss. Sur la rive droite y correspond le *Rocher qui trempe à l'eau*, si connu des voyageurs. C'est un bloc de calcaire grossier, veiné et disposé en tables gigantesques qui ont été soulevées du sud-est au nord-ouest et forment au bord du fleuve un précipice oblique d'environ 150 mètres de haut. On aperçoit ce promontoire à 40 lieues de distance. Plus bas, la même chaîne en offre de semblables.

Les couches calcaires du *Rocher qui trempe à l'eau* semblent avoir été soulevées par un cône trachytique; c'est du moins l'aspect qu'offre cette montagne lorsqu'on descend le courant. On pourrait en trouver une preuve dans une source minérale coulant comme d'une borne-fontaine du sommet d'un cône calcaire de 10 à 12 pieds de haut qui se voit au pied du morne. Cette eau incruste le terrain de sulfate de fer et de tuf calcaire. La source découle cependant du faîte même du promontoire, car on remarque des suintements analogues sur la surface lisse du précipice, à plus de 50 mètres au-dessus du rivage.

Un rocher semblable, mais d'environ 200 mètres d'élévation, qui se trouve sur la rive gauche, à l'embouchure de la rivière des Nahannés, recèle à son sommet un lac et une source d'eau salée. Généralement cependant les sources d'eaux minérales et les gisements houillers, bitumineux et ferrugineux occupent la rive droite du Mackenzie, parce que c'est de ce côté qu'ont dû naturellement se produire les phénomènes du métamorphisme causés par le contact des roches de fusion de l'Est.

Le système auquel appartient le *Rocher qui trempe à l'eau* se poursuit dans l'Est-Nord-Est, sous le nom de *Chiwkolla*, puis de monts *Vandenberghe*, que je lui donnai en 1864. Il sépare les eaux tributaires du grand lac des

Esclaves d'avec celles qui le sont du grand lac des Ours. Calcaire d'abord, elle devient bientôt granitique, puis quartzeuse à partir du 120e degré de longitude. Sa plus grande largeur, sous le 122e degré, est d'environ 15 milles anglais. Elle n'a pas plus de 200 mètres d'élévation au-dessus des plaines de l'intérieur. La *Chiw-kolla* est la limite septentrionale du pin rouge (*Pinus resinosa*). Je l'ai rencontré jusque-là, mais jamais plus loin.

Entre le grand lac des Esclaves et celui des Ours, dans l'intérieur des terres, les aspérités du terrain sont toutes composées de roches granitiques ou primitives ; le feldspath-orthose et le quartz compacte forment surtout la chaîne longitudinale du *Montlosier*. Plusieurs lacs bordés de granites offrent des îles montagneuses également granitiques et de forme mamelonnée.

VI. *Kodlen-chiw*, ou la montagne glacée, est un sixième rameau de la grande cordillère, qu'on ne peut apercevoir du fleuve. Il est parallèle au 64°10' de latitude nord, et se sépare des montagnes Rocheuses sous le 123e degré de longitude ouest, à la seconde *équerre* du Mackenzie. Sous le 120e degré, il se bifurque. Un de ses embranchements se soude aux monts Vandenberghe, tandis que le second se prolonge dans le Nord-Nord-Est, sous les noms de *Kwi-tchi*, de *Satcho-jyué* et de *Kfwè-kfwo*. Ces montagnes sont calcaires. Leur altitude totale est d'environ 300 mètres.

L'espèce de zone comprise entre cette ramification et la suivante est une des plus intéressantes du bassin arctique. Après avoir franchi le défilé de l'*Equerre*, nous rencontrons d'abord sur la rive droite les hauteurs du rocher Clarke, qui ont environ 500 mètres d'altitude. Il a la forme d'un bât vu de face, et d'un melon entr'ouvert vu de profil. C'est peut-être un ancien volcan. Je ne l'ai point gravi, mais je le crois composé de roches trapéennes. Il recèle du sel gemme, et de ses flancs sortent deux cours d'eau salée.

A environ 12 milles anglais en amont de l'embouchure du réservoir du grand lac des Ours, le Mackenzie est bordé, sur un parcours de 9 à 10 milles, de falaises dont l'élévation au-dessus de l'eau diminue progressivement depuis 50 mètres jusqu'à 10 mètres. Elles se composent de quatre couches ou strates superposés et ondulés, dont l'obliquité est la même que celle du terrain, c'est-à-dire qu'elle se dirige du sud au nord. Ces lits sont formés de marne, de schistes bitumineux semblables à ceux de la rivière Athabaskaw, de lignites et d'alluvions récentes. Les schistes et les lignites sont en combustion permanente, mais non locale, brûlent l'hiver comme l'été, en exhalant une odeur pénétrante, identique à celle que répand le pétrole.

Extérieurement, le feu de ces *boucanes*, car tel est, avons-nous dit, le nom que les Canadiens donnent à ces phénomènes ignés, se manifeste à toutes les hauteurs, depuis le niveau de l'eau jusque sous les racines des arbustes qui couronnent la falaise. Au pied de celle-ci sont des talus d'éboulement composés d'un résidu argileux gris ou bleuâtre, meuble et chaud. Ce détritus schisteux est couvert de petites vésicules jaunes oléagineuses, qui tachent le papier et le linge. Souvent cette terre est déposée en mamelons qui ressemblent aux gigantesques fourmilières de ce pays, et sont percés profondément d'une ouverture tubulaire par où s'exhale une fumée diaphane, nauséabonde et bleuâtre, que l'on aperçoit plus distinctement de loin que de près. La flamme produite par les effluves gazeuzes n'a que 20 ou 30 centimètres de haut ; elle est vacillante, blanche ou jaunâtre et analogue à celle des lampions, jamais vive ni s'élançant par jets, comme celle des becs de gaz. Elle sort aussi bien de dessous les strates schisteux et de leurs fentes que des cônes terreux, mais on ne l'aperçoit pas dans les couches de lignite.

Les talus des falaises, ainsi que les résidus fumants, sont dépourvus de végétation ; toutefois herbes et arbustes ne semblent point souffrir du feu ni des exhalaisons bitumineuses, car le sommet de cette berge présente l'aspect d'un jardin, et au-dessous des schistes croissent des touffes d'*arthemisia arctica* et d'*arnica montana*, qui atteignent 1 mètre de haut, sinon davantage.

L'expérience que l'on a faite du lignite des *boucanes*, pour les besoins de la forge, a prouvé qu'il est impropre à cet emploi ; il est trop terreux et renferme du bois pétrifié en quantité. J'en ai déposé plusieurs échantillons au muséum géologique de Montréal. Ils appartiennent à la famille des conifères et à celle des acérinées. Quelques-uns de ceux que je vis sur le rivage du Mackenzie, en ce lieu, étaient si gros que je dus renoncer à les emporter. Pendant trois années consécutives, je vis un peu plus bas que les boucanes un gros tronc d'arbre parfaitement pétrifié. Les glaces finirent par le pousser à l'eau. Autant que je pus en juger, c'était une souche de sapin.

Dans les mêmes falaises, mais non disposés en lits continus, on trouve de l'ocre rouge, et de ce tuf blanc et onctueux comme de la stéatite, dont j'ai déjà parlé à propos du grand lac des Esclaves; seulement ici il a subi l'épreuve du feu et ne requiert pas de mélange de colle pour adhérer aux murailles. Enfin, fait plus intéressant, on y voit une grande couche de terre de pipe cuite et de couleur rose, laquelle a bien 3 ou 4 mètres d'épaisseur, et ne se compose que de feuilles et de branches d'érables, d'aubiers et de noisetiers empâtés dans une vase molle et plastique, qui a reçu et conservé leurs empreintes d'une manière parfaite. A proprement parler, les feuilles ont été incrustées dans cette argile, et le parenchyme seul a été détruit.

Evidemment ces amas de feuilles ont une corrélation intime avec les troncs des arbres que recèlent les couches de lignite. Tout porte donc à penser que la terre a éprouvé ici une inondation subite qui aura englouti des forêts entières, à une époque où le climat était moins rigoureux, puisque les végétaux auxquels appartiennent ces fossiles ne se rencontrent qu'à 10 ou 12 degrés de latitude plus au sud. L'embrasement des terrains qui a cuit cette argile plastique et l'a changée en terre de pipe, comme elle a transformé en lignite les forêts submergées et emprisonnées dans les schistes, n'aura dû survenir qu'après et à une époque plus récente.

Nous avons déjà observé des dépôts identiques à ceux-ci le long de l'Athabaskaw et de la rivière la Paix; nous en rencontrerons d'autres le long du Mackenzie et même jusque sur les bords de l'océan Glacial, car les volcans que sir J. Richardson crut apercevoir au sommet des falaises qui bordent la base du cap Bathurst et les côtes de la baie Franklin, ne sont pas autre chose que des *boucanes* en tout semblables à celles du fort Norman, d'après ce que m'en ont dit des Esquimaux. En 1872, plusieurs de ces feux souterrains firent irruption le long de la mer, à l'ouest du Mackenzie, et par conséquent sur le trajet des montagnes Rocheuses. Ce fait jeta la consternation parmi les *Innoït*, parce que, de mémoire d'homme, on n'avait vu de *boucanes* dans cette localité. Enfin, les grèves de la rivière Porc-Epic, source la plus septentrionale du fleuve Youkon, dans le territoire d'Alaska, présentent de beaux spécimens de ces feux souterrains qui, dans le bassin arctique, paraissent remplacer les volcans et en être comme la réduction au petit pied.

A partir du rocher Clarke (latitude nord, 64°40'), une chaîne de montagnes se dirige en plein nord jusqu'au 68e degré. Elle porte différents noms, mais conserve une forme déterminée et qui n'est plus celle des montagnes Rocheuses. Du rocher Clarke à la rivière des Ours ou *Télini-dié*, on la nomme *Onkkayé-kfwè*, rocher des Pies, ou *Onkkayébéssé*, ventre de Pie. Elle est de grès, et se termine par un escarpement à pic au pied duquel une quantité de débris de phonolite couvrent ou plutôt forment les grèves rapides de la *Télini*.

De l'autre côté de cette rivière, la continuation du même rameau prend le nom de *Rocher du Rapide*. Il est de calcaire tendant à se dolomiser par le contact des trachytes susdits. J'ai ramassé sur ses flancs, que j'ai parcourus et traversés, des morceaux d'arragonite, de carbonate de chaux laiteux, des quartiers de calcaire grossier recouvert des cristaux saccharins de la dolomie.

Plus loin, il porte successivement les noms de *Chiw-tchô* (Grande Montagne), *Tchanè-ttsu-chiw* (montagne du Vieillard), de *Ti-della* (Terres alignées), *Piéré-jyué* (montagne des Truites), et enfin de *Bédzi-ajyué* (montagne des Rennes). On peut en suivre les linéaments dans le cap Bathurst et dans les îles arctiques.

Cette chaîne entière, bien que calcaire, paraît avoir été poussée de bas en haut et avoir surgi péniblement et incomplétement à travers d'épaisses couches de terrains qu'elle a fendues et soulevées. Elle ne se compose, en effet, que de têtes de rocs qui sortent de la plaine à intervalles presque réguliers, d'où son nom de *Terres alignées*, et qui, de profil, ont l'apparence de crêtes dentelées. Les roches trachytiques, qui en forment probablement le *nucleus*, ont occasionné le soulèvement des couches calcaires en les brisant, et ont entraîné avec elles les stratifications supérieures. C'est ce que le premier voyageur venu peut observer en traversant *Tchanè-ttsu-chiw*. Plus loin, dans les monts *Piéré-jyuè* et *Bedzi-ajyuè*, le granite a pu parvenir à rompre les couches calcaires et à surgir au travers. Mais ces élancements des roches fusibles ne se sont point opérés sans que des cavités plus ou moins nombreuses, plus ou moins considérables, se soient formées dans les entrailles de la terre; et ces antres engloutissent depuis des siècles peut-être les eaux des grands lacs que ces montagnes bordent ou séparent, comme nous le verrons plus loin.

Si l'on considère que cette chaîne est justement placée comme la margelle qui sépare les roches de fusion de l'Est des terrains de transition que nous venons d'étudier le long du Mackenzie, on ne pourra pas méconnaître dans sa formation un effet de la cause ignée.

La roche que j'ai désignée plus haut sous le nom de *phonolite,* d'après l'opinion de MM. Hébert et Munier-Chalmas, de la Sorbonne, avait, je crois, été cotée comme grès par sir J. Richardson. Avec les débris que l'on rencontre le long de la *Télini-dié* nous faisons d'excellentes meules, des manteaux de cheminée et des âtres, des pierres sacrées, etc. C'est une espèce de trachyte à grain très-fin et soyeux, d'une apparence schisteuse, c'est-à-dire tabulaire et fissile, dont la couleur varie entre le gris cendré et le noir. C'est pourquoi j'hésitais à considérer ce lithoïde comme du grès ou comme des phyllades ; mais il offre cette particularité, qu'ayant la texture du grès et se clivant comme les ardoises, il est en même temps sonore et très-dur, et cette circonstance a déterminé le sentiment des savants professeurs nommés plus haut.

La phonolite, pierre volcanique et assez rare dans la nature, ne le serait pourtant pas dans la vallée du Mackenzie, une fois établi que ce sont bien des échantillons de phonolite que j'ai présentés à l'examen de M. Hébert. Les Peaux de lièvre et autres Indiens du bas Mackenzie nomment cette roche *onkkayé-béssé,* c'est-à-dire *ventre de pie,* parce qu'elle en a la couleur. Toutes les montagnes ou localités qui portent ce nom sont indubitablement composées de la même roche, car l'Indien est bon connaisseur, et c'est avec elle qu'ils fabriquaient leurs couteaux, leurs grattoirs et leurs lancettes. Voilà la raison pour laquelle ils appelaient le premier de ces instruments *bès* ou *bié*, c'est-à-dire *ventre*. La phonolite se montre dans le Mackenzie en assises verticales ou obliques d'un clivage facile; les alternances de la gelée et du dégel déterminent souvent sa chute sous forme de tables sonores. On la rencontre dans la montagne dont je viens de parler, et le long de la *Télini-dié*, où elle dolomise le calcaire du rocher du Rapide. Elle poursuit sa marche sous le terrain pour reparaître sur le rivage de la baie Keith, dans la pointe nommée également *Onkkayé-bèssé*. Nous en ramassons de vastes tables dans les rochers-remparts du Rapide du Mackenzie, qui avoisine Good-Hope. A 15 milles en aval de ce poste la phonolite reparaît dans d'autres *remparts* naturels appelés *Onkkayé-kfwè*, qui entourent le joli lac *Kfwè-in-mmiè*, dont le bassin en entonnoir bordé de rochers abrupts, a tout à fait l'aspect d'un ancien cratère.

A l'extrémité septentrionale des remparts du Détroit, nous voyons encore de la *phonolite*. C'est cette roche que les Esquimaux venaient chercher dans ces escarpements pour en faire des dards de flèche. De ce point, la couche traverse la rivière Peel, en se dirigeant vers l'ouest; elle y forme les remparts *Tchilt'i* (pierres qui se divisent, ou grands rochers) et va border la rive gauche de la Porc-Epic, où je l'ai revue en grandes assises de 200 pieds de haut. Sur le versant occidental des montagnes Rocheuses, comme dans le Mackenzie, ces couches passent donc sur les calcaires pour surgir çà et là en compagnie ou dans le voisinage des schistes bitumineux et des lignites, comme nous l'avons vu à l'embouchure de la *Télini-dié*.

Un mot maintenant sur les armes en *phonolite* que j'ai rapportées du Mackenzie. Bien que ce que je vais en dire ne se rapporte pas en apparence à la géologie, je crois toutefois que ce ne sera point ici une digression à mon sujet.

Les détails qui suivent ont été communiqués partie à M. Hébert, de la Sorbonne, et partie à la Société d'anthropologie de Paris, qui ont daigné les rendre publics. C'est M. Hébert qui a déterminé la nature des roches dont ces armes sont faites.

Quatre de ces échantillons appartiennent à la tribu des Peaux de lièvre, peuplade *dénè* qui habite le bas Mackenzie et les steppes de l'intérieur, depuis la baie Keith du grand lac des Ours jusqu'à la mer Glaciale. Au sud, cette horde avoisine les Flancs de chien et les Couteaux-Jaunes; au nord, elle touche aux Esquimaux. Leurs armes en phonolite, en orthose, en quartz translucide ou compacte et en kersanton, sont d'une fabrique très-grossière, indiquant une grande infériorité de goût et de génie. Quant à la matière, à la forme et au procédé, le dard de flèche (*kfwé*) est identiquement le même qu'une foule d'autres rangés au musée de Saint-Germain dans l'*âge de la pierre taillée* (salle n° 1). Le couteau (*bié*) est exactement le même et pour la forme et pour la taille que les instruments primitifs cotés comme *scies droites* sous les numéros 254, 255 et 470 dans l'*âge de la pierre brute* au Danemark (musée de Saint-Germain, salle n° 1). On pourra en constater l'identité.

La hache peau de lièvre en kersanton (*kfwé-kfwin*) a son analogue parfaite dans le *marteau-pic* en diorite qui se trouve sous le numéro 36 dans la salle de la *pierre polie* (salle n° 11), parmi les spécimens de provenance russe, et qui a été trouvé dans une saline du gouvernement d'Erivan (Caucase). D'autres échantillons, à peu de chose près semblables, nous sont fournis par les *haches-marteaux* nos 292, 72, 4469, 4470, 4467 et 4468 de la salle n° 7, de *l'âge de bronze;* instruments qui sont dits avoir servi à l'exploitation de la mine de cuivre *del Milagno,* dans les Asturies.

Le même modèle de hache-marteau, à double tranchant avec une rainure dans le milieu servant à retenir le lien qui y fixe le manche, a été apporté des îles Aléoutiennes par l'honorable M. L.-Alph. Pinart; seulement cet instrument est en calcaire triasique.

Il n'y a pas plus de quinze à vingt ans que nos Peaux de lièvre ont abandonné l'usage de leurs haches de pierre, dont nombre d'arbres portent les empreintes machées aux alentours du fort Good-Hope; toutefois, les spécimens qui existent encore dans les anciens campements abandonnés, sont enfouis à plusieurs pouces de profondeur dans le sol, et ils s'y sont enterrés d'eux-mêmes, soit par l'accumulation des détritus de végétaux, soit par l'effet des vents, des lichens, des mousses et surtout du dégel.

Enfin la lancette en phonolite (*éttaë*) a ses analogues dans les instruments identiques qui composent la série de numéros depuis 44 jusqu'à 52 dans la salle de *l'âge de la pierre taillée* (salle n°1, musée de Saint-Germain). Nos Indiens se servaient de cet instrument en introduisant la pointe dans une fente pratiquée dans une planchette; ils appliquaient ensuite la planchette sur le bras du patient de manière que la pointe de silex ou de phonolite reposât sur la veine, puis ils frappaient légèrement sur le gros bout à l'aide d'une pierre ou d'un petit maillet. Ils se servaient aussi de ces lancettes pour pratiquer des incisions, maintenant ils emploient la pierre de leurs fusils à bassinet pour le même usage.

Ainsi se trouve constatée l'identité de forme, de fabrique et même de matériaux dans des armes jusqu'ici classées dans les divers âges de la *pierre taillée*, de la *pierre polie* et du *bronze*, pour le Danemark, la Circassie, l'Espagne, la Scandinavie et l'Amérique arctique à l'est et à l'ouest de ce continent.

Il y a plus. La tribu des Peaux de lièvre appartient à la même famille de Peaux-Rouges que ses voisins du Sud les Flancs de chien, les Couteaux-Jaunes et les Chippewayans, avec lesquels elle a immigré en Amérique; elle est immédiatement voisine des Esquimaux, avec lesquels elle a depuis un grand nombre d'années des liaisons commerciales. Eh bien, comparez les frustes et grossiers produits de l'industrie peau de lièvre avec les belles serpentines polies et habilement façonnées de leurs frères et contemporains les Couteaux-Jaunes et les Chippewayans, dont nous avons parlé plus haut. Comparez-les encore avec les dards, les pierres à repasser, les labrets et autres instruments en silex, en pétrosilex translucide, en jade et en marbre des *Innoït* ou Esquimaux du cap Bathurst et du Mackenzie, et vous aurez la preuve de la contemporanéité actuelle de la *pierre brute* et de la *pierre polie* dans la même contrée. On m'objectera peut-être que cette contemporanéité n'affecte pas la même tribu. Qu'importe! puisqu'elle se rencontre dans des tribus sœurs, parlant des dialectes du même idiome et appartenant au même peuple; ainsi qu'à des nations voisines, telles que le sont Dénès et Esquimaux. Mais j'ai d'autres preuves à alléguer.

Avant l'arrivée des Européens dans la vallée du Mackenzie, les Couteaux-Jaunes et les Flancs de chien connaissaient l'usage du cuivre natif, qu'ils trouvèrent sur les bords de la rivière Copper-mine. Ils s'en fabriquaient des couteaux, d'où leur est venu leur nom. Ils faisaient en même temps usage de la pierre polie. Donc, nous avons ici contemporanéité de la *pierre polie* et du *bronze*. De leur côté, les Peaux de lièvre, qui ignoraient le cuivre et qui ne se donnaient pas la peine de polir leurs instruments de pierre, avaient découvert le long du Mackenzie, à l'embouchure de la rivière *L'é-ota-la-délin*, du feroligiste, et ils en fabriquaient des aiguillettes et des alênes de 4 pouces de long, qu'ils troquaient avec les Thékkannés et autres tribus méridionales des montagnes Rocheuses, contre des peaux d'élan, à raison de dix peaux pour une alêne. Toutefois ils ne se servirent pas du fer pour tailler leurs pierres, et ils enlevaient par le frottement les aspérités de leurs haches granitiques. Je tiens le fait des vieillards qui se sont servis des haches de pierre.

Ici donc nous avons en présence l'âge de la *pierre brute* et l'âge *du fer*.

Restent les Esquimaux, qui ne se servaient ni de cuivre ni de fer, qu'ils ne connurent que par leurs relations avec les Européens ; parce que, avant cette époque, la tribu des Loucheux les séparait de celle des Peaux de lièvre, qui occupaient de préférence les montagnes Rocheuses ; cependant c'est chez les Esquimaux qu'on trouve les plus beaux spécimens de pierres dures, d'os et d'ivoires façonnés et polis.

Donc, en résumé, nous constatons dans le même pays et chez des tribus en communication et en fréquentes intercourses le synchronisme de la pierre brute, de la pierre polie, du fer et du bronze. Donc aussi les différences qui existent entre les diverses industries peuvent bien n'être pas caractéristiques du *temps*, et ne pas exiger des périodes séculaires pour s'expliquer. On voit qu'elles dépendent ici des *aptitudes*, du goût et de la patience de chaque tribu ou peuplade. Négliger ces causes, compter pour rien ces influences, c'est méconnaître l'humanité, c'est se placer en dehors de l'état de choses dont nous sommes témoins et que nous subissons chaque jour, et faire de nos ancêtres une sorte d'automates imaginaires dont les tâtonnements et les lents perfectionnements répugnent à notre raison.

Pourquoi les causes locales, nationales ou individuelles, dont nous constatons tous les jours les effets chez les peuples devenus sauvages, ou qui l'ont toujours été, n'auraient-elles pas, *à pari*, produit les mêmes effets parmi les tribus qui étaient sauvages au commencement de notre ère et antécédemment? Si l'on repousse cette analogie comme ne méritant aucune considération, je demanderai alors pourquoi, dans la classification de la pierre polie et du bronze, on trouve des spécimens identiques à ceux de la *pierre taillée?* Et pourquoi les peuplades de la période lacustre se servaient aussi bien d'instruments en fer que d'outils en pierre polie et en pierre brute? Pourquoi les formes des armes se retrouvent-elles identiquement les mêmes chez nos *Dénès* et chez les Aléoutiens comme parmi les Scandinaves et les Ibères? Pourquoi les haches et les houes des Esquimaux du Mackenzie et de l'Anderson ressemblent-elles absolument, ainsi que celles des Néo-Zélandais, aux haches et aux houes des anciens Egyptiens? Pourquoi les femmes de ces mêmes Esquimaux portent-elles de faux chignons et de faux cheveux, à l'instar de certaines peuplades de l'Hindoustan, dont parle un voyageur moderne : les Chukmas, les Kumis, les Mris, les Khyengs et les Khyugthas, et à l'imitation des anciens Egyptiens? Pourquoi, comme les Egyptiens et comme les Hindous, les Esquimaux se servent-ils de rames formées d'une palette liée à une perche? Pourquoi se percent-ils le septum du nez comme ces anciens peuples? Pourquoi adorent-ils comme eux le soleil? Pourquoi retrouve-t-on la circoncision chez nos Dénès-Dindjiès? Pourquoi les Cris des prairies, les Sioux, les Pieds-Noirs portent-ils leur chevelure hérissée sur le front comme les Gaulois nos ancêtres? Pourquoi?... Mais je n'en finirais pas si je voulais continuer ces rapprochements entre nos sauvages actuels et les peuples de l'antiquité. Or, puisque ces analogies sont hors de doute et incontestables, serait-il sage de repousser et de ne point approfondir ces autres similitudes qui tendent à démontrer que les peuples primitifs de la Scandinavie, de la Grande-Bretagne et de la Gaule furent ce que sont nos sauvages; et que l'on *peut* admettre chez eux, mais dans des tribus différentes, la contemporanéité de la pierre taillée, de la pierre polie, et voire même du fer et du bronze, comme on l'observe chez nos Indiens, au lieu de nous égarer dans des périodes indéfinies qui sont en désaccord avec la plus grande et la plus incontestable des autorités, celle des livres saints?

Mais il est temps que je ferme cette parenthèse anthropologique pour retourner à mes terrains.

VII. Le septième chaînon des montagnes Rocheuses s'en détache en face de l'embouchure de la rivière des Ours, sous le nom de ***Kfwè-t'énikhé*** (rocher qui trempe à l'eau), traverse le Mackenzie, et en changeant son appellation en une autre dont la signification est identique : ***Kfwè-t'é-niha***, il borde la *Télini-dié* ou rivière des Ours durant une vingtaine de milles. Disparaissant ensuite il ne se montre plus que dans les hauteurs de la grande presqu'île qui sépare la baie Keith de celle de Smith (grand lac des Ours). Mais cette chaîne si courte a un embranchement septentrional qui longe le Mackenzie depuis la *Télini-dié* jusqu'au Rapide-sans-Sault, et qui porte les noms de *Bekké-dénatchay* (sur quoi il y a des frimas) et de *Kfwè-rétchay* (grands-rochers). Leur élévation est de 800 à 1000 pieds anglais au-dessus du fleuve, soit une altitude générale de 400 mètres au-dessus de la mer.

Des traces de feu et des suintements rougeâtres, dus à

l'oxyde de fer, se montrent sur les flancs siliceux de *Kfwè-t'é-niha;* une source sulfureuse sort de sa base, dont le prolongement montre durant plusieurs lieues la continuation des couches de schistes bitumineux du fort Norman. Ils furent jadis dans un état d'ignition facile à constater, et les Indiens me dirent qu'ils brûlaient au mois d'août et de septembre de 1872; mais, en juin 1873, ayant passé en ce lieu pour la vingt-deuxième fois, je trouvai éteints ces foyers fugaces.

Le second *Rocher qui trempe à l'eau* sert comme de limite septentrionale au bruant couronné (*fringilla leucophrys*), aux courlis (*numenius longirostris*), au pluvier doré. à la mouette de Bonaparte, à l'étourneau noir, au *gyrinus natator* et aux *staphylins* des neiges, petits coléoptères de proportions microscopiques qui, au premier soleil de mai, couvrent et noircissent la surface de la neige de laquelle ils sortent. C'est pourquoi les Indiens les nomment *yah-kraté* (les petits qui sortent de la neige). Je ne les ai observés que dans les bois de mélèze et au nord du 65e degré de latitude.

Nous avons vu la fougère mâle s'arreter le long de la rivière Athabaskaw. Dans une grotte du lac des Ours, j'ai vu des touffes de *capillaire* que j'ai retrouvée aussi dans les environs de Good-Hope, mais pas au delà. Les *lycopodes* finissent sur les bords septentrionaux du grand lac des Esclaves. Les mousses les plus abondantes appartiennent au genre *sphagnum*. Les prêles abondent toujours; mais les massettes s'arrêtent dans la zone où nous venons d'entrer, qui est aussi la limite de la parisette à quatre feuilles, de la sagittaire, de l'amélanchier ou petit poirier sauvage (*hyppophaë canadensis*), du fraisier, de la violette arctique, du groseillier à maquereau, des dryades. Apparence du hareng (*clupea harengus*). La pomme de terre mûrit à peine à cette latitude; au delà sa culture est une déception.

Le long des grèves, au pied de la montagne, j'ai ramassé de très-petits cyatophylla, probablement le *cyathophyllum Michelini* (?) (J. Haime, devonien), car il lui ressemble parfaitement. On y voit aussi des *phyllocœnia Doublieri*, mais roulés par les eaux et hors place (terrain crétacé). Les galets de granite, de siénite, de kersanton et autres roches cristallines abondent.

Le long de la rivière du lac des Ours, on observe d'abord des alluvions et de grands amas de galets granitiques de toutes dimensions ; beaucoup sont énormes. Plus haut, du grès et des marnes ; au-delà de la montagne du Grand-Rapide et de ses phonolites, apparaissent des calcaires et des schistes feuilletés. Le lit de ce cours d'eau fougueux est comme pavé par d'énormes blocs de grès, de granit et de calcaires qui y forment des cascades.

La chaîne des *Bèkkè-dénatchay* qui longe la rive droite du Mackensie est composée de masses calcaires qui paraissent comme entassées. Elle est en pente douce du côté de l'est. Plus loin, elle a son précipice du côté du fleuve et le dos d'âne du côté des lacs. Plusieurs de ceux-ci présentent sur leurs rives des sources chaudes. Ces montagnes sont stratifiées et l'inclinaison des couches est toujours dirigée du nord-est au sud-ouest.

Du pied de ces rochers sortent plusieurs sources sulfureuses. On y trouve aussi des dépôts de *malthe*, et de l'*asphalte* surnage à la surface des eaux du Mackenzie, d'où il sort.

A mi-chemin des forts Norman et Good-Hope, cette chaîne s'éloigne dans les terres et le fleuve est bordé d'une longue montagne schisteuse de 100 à 150 mètres de haut seulement qui porte des traces anciennes de feu souterrain. En 1868, ces schistes s'embrasèrent de nouveau et spontanément. Je vis moi-même le feu au mois d'août et en septembre ; mais le printemps suivant il s'éteignit.

Les roches trachytiques qui très-probablement leur servent de base, ont soulevé sans doute ces schistes et les couches calcaires qui leur étaient superposées. Ces dernières, nommées *rochers du Carcajou*, sont en tables et veinées de quartz comme celles du premier Rocher qui trempe à l'eau. Je suis persuadé que le noyau de ce rameau qui porte différents noms, entre autres celui de *montagne du Poisson rôti*, est formé de grès ou de trapp ; mais je ne me suis pas assez approché de son versant oriental pour m'en assurer.

Rive gauche vis-à-vis le *rocher du Carcajou :* source ferrugineuse colorant les cailloux et les galets du rivage, sur un long parcours, d'une teinte de rouille indélébile. Ces galets contiennent souvent du quartz en géode.

Rapide *Sans-Sault* : schistes argileux friables stratifiés obliquement du nord-ouest au sud-est, inclinaison exceptionnelle dans le Mackenzie. Comme dans la montagne du Poisson rôti, ils sont accompagnés de calcaires grossiers, mais ils les surmontent et leurs couches concordent, toutefois en présentant des ondulations. Dans l'intérieur des terres on rencontre fréquemment de ces dépôts de terre blanche, onctueuse comme de la pierre de lard, mais molle et renfermée dans les marais. Elle est probablement identique à la terre de pipe couverte d'empreintes de feuilles, du fort *Norman*, et ne peut être que la *thermandide argilifère* d'Allemagne des terrains tertiaires. La ressemblance de ces deux argiles est parfaite. J'en ai déposé des échantillons au muséum de Montréal.

VIII. Au-dessous du rapide *Sans-Sault* commence un huitième embranchement des montagnes Rocheuses qui de ce point s'éloigne dans le Nord-Nord-Est vers le grand lac des Ours. Il se nomme d'abord (*Tsa-tchô-tto* (le nid du grand castor), *Péwinkka* (hibou blanc) *Ita-t'u-yué* (montagne du lac des Oies), *Kfwé tchô-détéllé* (grands rochers dénudés) ; sur les bords de la baie Smith il prend les noms de *Nont'ien-kfwè* (montagne des Steppes), *Lé-t'alé* (terre séparée), et *Ti-déray* (terre sinueuse). Continuant sa route vers la mer Glaciale, on peut suivre son parcours dans les monts Davys, les rivages occidentaux de la terre Wollaston et de la terre de Banks. J'ai traversé cette chaîne vers le Mackenzie, au nord du lac des Ours, entre ce lac et la chaîne *Tidella* qu'elle croise ; je l'ai longée en maints endroits, et de partout je l'ai trouvée calcaire. Cette longue arête stérile n'a pas plus de largeur que celle de *Tchanê-ttsu-chin* et surgit brusquement dans la plaine, où elle serpente à l'instar des chaînes de glaçons qui se forment à la suite des crevasses. J'en crois l'origine due à un soulèvement.

Par son contre-fort elle forme le plateau inférieur nommé *Yekk'ay-dié-néné* (terre des Bœufs musqués) et la vallée de la rivière des Peaux de lièvre, affluent du Mackenzie. Au nord du grand lac des Ours qu'elle longe elle donne naissance à trois grands cours d'eau tributaires de l'océan Glacial : l'Anderson, le Mac-Farlane et le La Roncière. Les deux premiers se jettent dans la baie Liverpool, le troisième est un affluent de la baie Franklin.

Les berges de la Peau-de-lièvre sont élevées d'environ 100 mètres, peut-être davantage. Elles sont de calcaire ou de grès disposés par assise en retrait. J'ai ramassé sur ses rivages des fragments d'un calcaire nacré et couleur d'opale qui y abonde, il est formé d'une agglomération d'*orthinina umbraculum*, d'après M. Hébert (terrain devonien).

Le plateau *Yekk'ay-dié-néné* traverse le Mackenzie en y formant le rapide des Remparts ; il offre beaucoup d'intérêt au géologue. Nous y avons déjà constaté des lits de phonolite. Les rochers murailles des Remparts aussi bien que la chaîne *Yekkray-dié*, se composent de trois assises stratifiées et superposées : marnes calcaires jaunâtres, grès madréporique et calcaire coquillier disposé par tables horizontales. La hauteur de ces falaises varie de 80 à 150 pieds anglais (de 25 à 50 mètres). Les grès ont une forme tourmentée et sinueuse qui me les a d'abord fait prendre pour du gneiss. A l'entrée des Remparts on trouve sur la rive droite de hautes falaises de schiste argileux noirâtre et friable, qui contient des fragments d'argile encapsulée en entonnoir que j'ai pris pour des fossiles du genre *calceola*. Au pied de ces schistes j'ai ramassé des fossiles du genre *spirifer Rousseau*, la *cyrtia heteroclyta*, variété à côtes fines, de nombreux fragments de *favosites* et du quartz en géode.

Du haut de l'île de l'Orignal qui domine le rapide des Remparts on aperçoit directement au fond de l'eau les couches de grès qui barrent le cours du Mackenzie. La rive droite offre seule un chenal assez profond.

Les schistes du Rapide nous présentent les premiers individus du *Polygonum elliptica* ou rhubarbe sauvage qui devient de plus en plus commune à mesure qu'on approche de la mer polaire. Loucheux et Esquimaux sont friands des tiges juteuses et aigrelettes de cette plante. Dans les rochers-remparts on trouve des dépôts de tuf crayeux.

Les fossiles les plus intéressants présentés jusqu'ici par cette zone, nous les trouvons enfouis dans les alluvions semi-arénacées, semi-caillouteuses, qui forment les rives du Mackenzie en amont et en aval de la chaîne *Yekkray-dié*. Ce sont des *cyathophylla*. Ils sont communs dans les terrains modernes, où la bêche et la pioche les produisent à la lumière, lorsque nous travaillons à nos petits champs. On les ramasse aussi hors place parmi les cailloux du rivage, où ils ont roulé du haut des berges alluviennes.

Ceux qui ont été déterminés par MM. Hébert et Munier-Chalmas sont le *cyathophyllum vermiculare* Goldf., auquel est accolé un *spirifer*, le *cyathophyllum Rœmeri* (dianthum pars) Goldf. et le *C. ceratites* (turbinatum pars) Gold. — D'autres, laissés par moi à Montréal, m'ont paru être le *C. turbinatum* et deux autres spécimens identiques au *zaphrantis buceros* de l'Ohio et à l'*amplexus cornubovis* de la Belgique (dévonien). Les Peaux de lièvre donnent à ces madrépores le nom général de *kfwè-tsô*. Sur le rivage on trouve à l'état de galets roulés le *cycloïdes elliptica* et le *galerites epiaster*. Enfin on retrouve dans les premiers remparts de Good-Hope l'*atrypa* de la rivière Athabaskaw, que mon confrère, le R. P. Seguin, m'a aussi apportée en 1867 des bouches du Mackenzie.

A 4 ou 5 lieues en aval du fort Good-Hope, sur la rive droite du Mackenzie, se trouve de la *pyrite compacte* (*klèkra*), à l'aide de laquelle nos Peaux de lièvre et nos Loucheux se procuraient du feu, avant la venue des Européens. Il est étrange de voir ce minerai en usage parmi les Esquimaux de l'Est, tandis que ceux de l'Anderson, du Mackenzie et de l'Ouest font du feu en faisant tourner, à l'aide d'un archet, une baguette de bois dur dans un morceau de bois tendre et inflammable. Les Peaux de lièvre se servaient en outre du sulfure de fer pulvérisé comme d'un vulnéraire.

En 1872, des Indiens des montagnes Rocheuses m'apportèrent trois coquilles bivalves qu'ils avaient trouvées hors place dans les montagnes et à une très-grande élévation. Je regrette beaucoup de les avoir laissées à Montréal, où je les fis tenir au professeur Sulvyn, successeur de M. Logan. Une est grande et les deux autres plus petites. Je suis fortement porté à croire que ce sont des *trigonia*, mais je n'en ai point vu de semblables dans aucune collection géologique. Si tant est qu'elles soient fossiles, elles ne portent aucune trace ou souillure de terre ni de vase; elles sont pleines et lourdes, à la vérité, mais ont conservé leur couleur, leur texture, leurs aspérités et leurs côtes.

D'après le dire des sauvages, ils ont trouvé ces coquilles à 300 ou 400 mètres au-dessus du Mackenzie. La présence des *trigonia* dans ces montagnes secondaires les rangerait dans l'oolithe du terrain jurassique.

On ne doit pas s'étonner de trouver des coquilles non fossilisées à une si grande altitude, puisque le docteur Walker trouva dans le même état la *cyprina islandica*, à 500 pieds au-dessus du niveau de la mer, au port Kennedy. Le même fait s'est aussi présenté, je crois, dans l'île de Behring.

Cette zone semble la limite du *sylvicola æstiva*, fort joli petit oiseau, jaune comme le serin, mais de plus petite taille. Grande y est la variété d'oiseaux aquatiques, inconnus à des latitudes plus méridionales tels que le goëland arctique, l'*anser bernicla* ou oie esquimaude semi-noire et semi-grise, le *fuligula perspicillata* ou canard esquimau, et diverses autres espèces de canards. Dans les lacs nous avons à constater la présence d'espèces nouvelles de Corégones ou poissons blancs, le *coregonus arcticus*, les *coregonus globulosus*, *coregonus lanceolatus*, *coregonus æstuarinus;* enfin le hareng se montre dans le Mackenzie, mais un peu plus gros que celui du lac aux Ours. Le saumon n'en remonte le cours que par accident. En douze ans, je n'en ai vu prendre que trois et de grosseur médiocre. On peut donc les considérer comme des individus égarés.

IX. Sous 66°40' de latitude nord, un autre petit système transversal de collines se sépare de la montagne des Truites, sur la rive gauche du Mackenzie, et se dirige dans le Nord-Est, sous le nom d'*Etatchô-kfwérè* (la première grande pointe); nouvelle preuve que les *Dénès* sont venus du Nord. Elle forme la vallée de plusieurs lacs poissonneux, sépare les eaux de la rivière Lockhart, tributaire de l'Anderson, de celles qui se jettent dans la Peau de lièvre, et se dirige vers le cap Bathurst, en bordant l'Anderson et ses affluents, sous les noms de *Bekkè-sa-kolli, Bettsen-natsédal'ari, Rawarazj* et *Chié-intsik*. Vers son extrémité septentrionale, elle est granitique, mais sur les bords du Mackenzie et des lacs, elle se compose d'assises calcaires reposant sur une large base qui est formée d'un agrégat sablonneux compacte, cause de beaucoup d'éboulements. Le sablon de cette chaîne remplace, je le crois, la marne des Remparts de Good-Hope, et doit porter aussi sur du grès. Mais je ne l'ai pas constaté.

Dans la zone qui nous occupe, on trouve aussi du tuf blanc et de l'asphalte, non pas au bord du Mackenzie, mais assez loin dans l'Est; cependant, sous 67° 28′ 21″, en face de l'emplacement de l'ancien fort Good-Hope, il existe, sur la rive droite, d'autres rochers-murailles, formés d'assises calcaires et schisteuses, peut-être même phonolitiques, qui portent des traces anciennes d'ignition. Le sulfate de fer et de magnésie suinte de ces rochers avec les eaux d'une source et incruste les pierres et le rivage, en y laissant des dépôts assez considérables. Après avoir soumis à l'ébullition ces matières, nous les purifions et nous nous en servons avec succès contre les aphtes et les dartres. Le long de la petite rivière *L'é-ota-la-délin*, qui se jette en ce lieu dans le fleuve, j'ai vu de grands dépôts de phonolite mélangée d'oligiste terreux, qui attestent les ravages du feu. Toutes les pentes du terrain, qui sont en talus fort rapides, en sont rougies. C'est en ce lieu que les traditions des Peaux de lièvre racontent qu'un vieillard nommé *Tcháné-zélé* trouva du fer oligiste, peu après l'arrivée de sa tribu de l'Ouest. Ces sauvages nommèrent ce minerai *sa-tsonné* (fumées d'ours), à cause de la ressemblance de sa couleur avec celle des fumées de l'ours frugivore d'Amérique.

Dans ces parages commencent les côtes alluviennes, composées de sablon et de galets et couvertes de pourpier gris, d'absinthe et d'origan, que sir J. Franklin nomma *Cannon-shot-reach* (les piles de boulets de canon). Elles sont, en effet, découpées en pyramides de 40 à 50 mètres de haut par des ravins profonds, formés par l'écoulement des eaux. On dirait un immense alignement de piles de boulets, comme on en voit dans nos arsenaux ou le long des quais dans les ports de guerre. Le *Cannon-shot-reach* ne constitue que les berges immédiates du Mackenzie. La vallée de ce fleuve est formée par un haut plateau sablonneux qui longe son cours depuis le Rapide des Remparts jusqu'aux monts Cariboux ou *Kroteylorok*. Je dirai même ici que ces dernières protubérances ellesmêmes sont arénacées.

J'ai dit plus haut que je reviendrais sur les grands lacs dont la chaîne longitudinale de l'Est, *Tidella*, forme le bassin. Plusieurs d'entre eux ne reçoivent apparemment aucun cours d'eau et ne donnent naissance à aucun déversoir visible. Il faut en dire autant des grands lacs situés entre les fleuves Anderson et le Mac-Farlane; cependant leurs eaux éprouvent des mouvements de hausse et de baisse; sur le lac des *Bois* entre autres, des pièces de bois flottant s'y montrent subitement et sont jetées à la côte sans que les Indiens sachent d'où elles viennent. Ces grands bassins, ainsi que celui des Ours auquel ils font suite et dont ils ont probablement fait partie, ont des rivages étendus en pente douce, couverts de galets roulés et de sables; parfois les lichens ont déjà empiété sur ces bords desséchés depuis longtemps, et qui me sont une preuve de la retraite graduelle des eaux des lacs septentrionaux. Par une cause ou par une autre, il est de fait que ces lacs baissent d'année en année. En 1871-72, les Indiens du lac des Bois, déjà nommé, se plaignaient à moi de ce que les eaux de leur lac, qui, cinq ans auparavant, atteignaient la limite de leurs chétives forêts, en étaient alors éloignés de 500 ou 600 pieds.

Pendant l'hiver de 1872, le niveau des lacs Colville et *T'u-tchô* s'éleva en ma présence de près de 20 pieds anglais, quoique nous fussions en décembre; la glace, qui y est fort épaisse, s'y brisa et atteignit le niveau de la côte. Cependant ces deux lacs ont des proportions si vastes, que les chaînes de collines de 300 mètres de haut qui les bordent au sud et à l'est m'apparaissaient, du point où j'étais campé, comme un fil bleuâtre tendu à l'horizon. Enfin il se trouve dans ces lacs des îles plates, dénudées, couvertes de galets granitiques de toutes dimensions, qui attestent qu'elles ont été récemment émergées.

Si on me demande la raison de ces phénomènes, je réponds que ces bassins sont en communication soit entre eux, soit avec les rivières Peau-de-lièvre, Anderson et Mac-Farlane, au moyen de *gaves* ou cours d'eau souterrains. Ce fait est connu depuis longues années par les sauvages pour les lacs Colville, des Bois flottants, *T'u nagotlini* (lac de l'eau renaissante), du Courant ou du Gave, du Petit-Courant, de l'Ile, etc. Je le soupçonne pour plusieurs autres bassins qui sont dans les mêmes conditions. Or, que par ces cours souterrains ces lacs perdent une grande partie de leurs eaux, c'est ce qu'il est facile de constater. Quelques-uns que j'ai vus et examinés sont maintenant à sec, et on aperçoit sur leurs parois l'ouverture béante, en forme d'entonnoir ou de grotte, qui a reçu leurs eaux, et dans laquelle s'enfile encore un petit ruisseau, qui y engouffre celles des lacs plus éloignés. En quelques années le sort de ceux-ci sera le même, et de tristes vallons pleins de galets et de vase remplaceront ces étangs mystérieux.

La vue de ces gouffres, ouverts non pas au fond des lacs, mais contre leurs parois, m'a suggéré l'idée que les cavernes à ossements et la généralité des grottes qui recèlent encore des mares d'eau ou laissent échapper des ruisseaux pourraient bien avoir une origine identique. Nous les voyons, en effet, disposées le plus ordinairement dans les vallées, le long des gorges, dans l'épaisseur des *terrasses* en retrait formées par l'abaissement successif du niveau des eaux. Pourquoi donc ces ouvertures, ces boyaux, dont les profondeurs nous sont inconnues, qui contiennent souvent des puits naturels, pourquoi n'auraient-ils pas servi à favoriser l'étanchement plus rapide des eaux qui remplissaient alors les vallées et les gorges et qui formèrent ces terrasses ?

Si ce n'est là qu'une idée, avouons qu'elle peut servir à étayer une probabilité soutenable, parce qu'elle a été éveillée en moi par des faits certains et que j'ai pu constater de mes propres yeux. Je ne doute pas que les sombres et humides couloirs par lesquels nos grands lacs arctiques se transvasent en s'épuisant ne recèlent des dépôts d'ossements fossiles semblables à ceux de nos brèches osseuses et de nos cavernes d'Europe. Il existe d'ailleurs sur les bords de la mer Glaciale des grottes qui contiennent des ossements de l'*elephas primigenius* et d'autres grands animaux antédiluviens. Les Esquimaux qui m'en ont parlé m'ont montré de l'ivoire provenant de ses défenses. Ils nomment ce grand pachyderme *kilékouvark*. Mon compagnon le R. P. SEGUIN a vu beaucoup d'ossements fossiles de cet animal dans les parages du fort Youkon, territoire d'Alaska,

Les gaves dont il est parlé plus haut passent sous des

montagnes à couches calcaires, traversées par des pitons granitiques.

Les steppes granitiques et quelquefois crayeux, qui commencent avec l'Anderson, sont la limite de la végétation arborescente dans le nord de l'Amérique. A partir de ce point on n'y voit plus que des lichens, quelques rares cypéracées, la *kalmia glauca* dans les bas-fonds, et des bruyères telles que l'*arbutus idea vitæ, arbutus alpina, arbutus uva ursi*, l'*empetrum nigrum* et l'*andromeda tetragona*.

L'andromède est la providence de l'habitant des steppes, parce qu'elle a la propriété de brûler verte ou humide aussi bien que lorsqu'elle est sèche. C'est une plante petite, rampante, et qui couvre un grand espace de ses tiges fluettes, car elle trace beaucoup, à l'instar de la renouée. Son suc est résineux, sa couleur vert-sapin, son apparence rappelle celle du *lycopode*. Elle ressemble, avec ses petites feuilles imbriquées sur quatre faces et recouvrant tige et rameaux, à une petite tresse carrée; c'est pourquoi les Indiens la nomment *kœténelklia* et *tchinenklun*, ce qui signifie bois tressé, natté, tissé. Ses fleurs blanches sont solitaires au bout de longs pétioles et naissent trois par trois à l'extrémité des rameaux. A mesure que la plante pousse et s'étend, ces pétioles deviennent axillaires, parce que les branches se ramifient à l'endroit d'où ils sont sortis.

C'est grâce à l'*andromeda tetragona*, dont il fit d'amples provisions, que l'intrépide docteur Raë put hiverner dans les steppes inhospitaliers de la baie Répulse. C'est grâce à elle que le voyageur peut traverser, sous le cercle polaire, les montagnes Rocheuses, qui y sont dépourvues de bois et de toute autre végétation, à l'exception des mousses.

X. Nous voici arrivés au dernier embranchement des montagnes Rocheuses à l'est de la chaîne mère. On a dû observer qu'au fur et à mesure que nous approchons de la mer Glaciale, ces chaînons diminuent de longueur et se portent davantage vers le nord-est, au lieu de se diriger vers l'est, comme les sections méridionales.

Ce dixième et dernier est le plus court, ce n'est guère qu'un plateau, mais il est sensible sur un long parcours lors même que ses dimensions sont minimes. Il prend naissance en face du fort Mac-Pherson sous le nom de *Klô-kka-ran-tdha* (montagne de la rivière aux foins) et il accuse alors 200 mètres d'altitude. On voit à ses pieds de belles plaines couvertes de prairies, où des pelouses de *sphagnum acutifolium* alternent avec de grandes graminées de 5 pieds de haut. Nous avons vu qu'en traversant la rivière Peel cette chaîne y forme des rochers-remparts de *phonolite,* et que cette roche plutonienne se retrouve encore dans les remparts dits *du Détroit* sur les bords du Mackenzie; mais ils sont superposés à d'épaisses couches de marne, d'où transsudent des eaux chargées de salpêtre et de natron.

Du *Détroit,* cette même chaîne prend le nom de *Kwatlédi* et borde le Mackenzie, puis, parvenue au 121e degré de longitude ouest, elle se dirige vers le nord-est en formant la vallée des rivières *Ttniétiéten* et *Vendié-tlen*, qui sont tributaires, la première du Mackenzie, la seconde de l'Anderson. Elle change alors de nom pour border les grands steppes qui enserrent le lac des Esquimaux et qui s'étendent jusqu'au bord de l'Anderson à l'est et jusqu'au canal des Esquimaux au nord. Sur les bords du Mackenzie, elle est composée de sable, de marne et de phonolite; dans l'est-est, de calcaire et de grès. De grès aussi ou de trachyte est l'embranchement du même système qui entoure le grand lac Esquimau. On y remarque des cônes tronqués semblables au mont *Bedziayuê;* tels sont les monts *Kija* et *Vékrayœ-ékke-ñit'in.* Mais je n'ai pu m'en approcher d'assez près pour m'édifier sur leur nature. Les rochers qui forment les steppes *Theltey-kwizjié* sont granitiques.

Le long des hautes berges, de plus de 100 mètres de haut, qui composent la vallée du fleuve Anderson, j'ai vu aussi du sablon ; mais à partir de la *Chié-intsik* le bassin de ce cours d'eau paraît formé de roches de fusion, sur lesquelles reposent les alluvions modernes ; toutefois je dois me méfier de mes jugements sur une contrée que je n'ai pu visiter qu'en hiver et de laquelle je n'ai pu rapporter le moindre échantillon.

Dans cette zone, les végétaux dont nous avons déjà parlé sont encore plus abondants; le sapin disparaît vers 68° 30′; cependant on en voit quelques rares spécimens jusqu'au bord des steppes, le long du lac des Esquimaux, et de l'Anderson vers son embouchure; mais alors ce n'est que dans les lieux bas et humides et au bord des eaux. Commencement du bruant aux quatre notes; abondance d'eiders et de gibier aquatique, phoques soyeux et marbrés, morses, marsouins, ours jaunes des steppes et ours blancs des glaces. L'élan et le castor se rencontrent jusque dans les deltas du Mackenzie et de la Peel, mais jamais à l'est du fleuve. Le renne et le lièvre arctique, au contraire, fréquentent toute cette région. Le glouton disparaît au-delà du 67ᵉ degré de latitude, la martre y est rare, mais les renards y abondent. L'herbe se voit peu souvent dès le 66ᵉ degré. Les lichens remplacent les graminées sous le cercle arctique.

Bien que je puisse borner mon travail aux limites du Mackenzie, je ne veux pas abandonner la question intéressante de la géologie du bassin arctique sans présenter une rapide esquisse des montagnes Rocheuses et de la vallée du Porc-Épic, source septentrionale du fleuve Youkon, que j'ai visitée en 1870.

Les basses montagnes des deux versants sont calcaires (*tchien-zjiow, tchi-kwazjen*); celles des pics, partie de grès (*twvi-taro*) et partie de schistes friables (*vœchêni-nivio*, le Gros-nez, etc.). Leurs sommets et leurs flancs n'offrent pas d'autre végétation que des lichens; mais les plateaux inférieurs ainsi que les vallées, outre des pelouses de ces cryptogames (*cetraria cucullata, cenomice rangiferia*) et des bruyères, nourrissent encore des champs entiers d'*eriophorum capitatum* ou porte-laine, plus connu dans le pays sous le nom de *tête de femme*. Cette cypéracée, qui fait le désespoir des voyageurs, pousse par touffes semblables à celles du *phormium tenax*, mais beaucoup moins hautes. Comme elles sont très-rapprochées les unes des autres, portées sur un pédicule peu consistant, et que les interstices sont remplis d'eau et de boue, le pied du malheureux voyageur ne peut se reposer sur la plante, sans que la traîtresse se dérobe et le fasse tourner et plonger dans la fange. De là le surnom de *têtes de femme* donné à ces végétaux par quelque Canadien peu courtois ou déçu.

Dans d'autres localités de ces montagnes il n'y a que des andromèdes et autres bruyères.

Les rivages des rivières Bell et Porc-Épic offrent des terrains identiques à ceux du bas Mackenzie : alluvions, marnes, calcaires, dépôts de galets granitiques et autres.

Le sol change à l'approche des *Tdha-tcha*, qui appartiennent au système des monts Castor et traversent obliquement l'Alaska, depuis la chaîne des Romanzoff au nord jusqu'à la presqu'île Unalaska à l'ouest-sud-ouest.

Les falaises, qui étaient d'abord de sable, d'argile ou de marne caillouteuse, deviennent crayeuses, puis composées d'une terre grisâtre, friable et semblable à de la pouzzolane, qui s'éboule sans cesse en répandant dans l'air comme une cendre impalpable. Leur élévation varie de 30 à 40 mètres.

Les monts *Tdha-tcha* sont arides, nus, arrondis et mamelonnés. Je les crois composés de rocher de fusion. Ils ne sont peut-être que des volcans éteints. Leur chaîne entière se dirige du nord-nord-est au sud-sud-ouest, comme les éperons des montagnes Rocheuses, mais leur apparence n'est pas la même. Rencontrée de biais par le Porc-Épic, cette chaîne ouvre à la rivière une fissure prodigieuse, dans laquelle elle se précipite et se fraye un passage, sur un trajet d'au moins 20 lieues. En sortant de ce cañon nommé *les Grands-Remparts*, le Porc-Épic traverse une autre rangée de montagnes parallèles aux *Tdha-tcha*, qui donne naissance aux *Petits-Remparts*. Puis elle s'unit à la branche méridionale, pour former le beau fleuve Youkon, qui, au confluent des deux rivières, n'a pas moins de 9 milles de large.

Les deux défilés des remparts du Porc-Épic offrent au géologue un champ vaste et fertile. Les phénomènes du métamorphisme y ont produit une grande variété de roches. Le sol granitique y perce en maint endroit les terrains de transition et le terrain jurassique. Les traces de feu dites *boucanes* y sont récentes; mais ici, outre la houille, la craie, les schistes bitumineux, on voit encore de vastes dépôts de terre mélangée de soufre, des falaises de craie, de tuf calcaire découpé en profils fantastiques, des marnes bleues, de l'ocre, de l'alumine plastique, du soufre, etc.

Ces terrains s'appuient sur le trapp, le gneiss, la siénite, le granite, l'orthose veiné de filons roses ou couleur de chair, la phonolite. On y trouve aussi des sources minérales.

De plus, par leurs formes capricieuses, leurs couleurs vives et très-variées, les rampes et les crêtes de ces singuliers cañons offrent au pinceau de l'artiste une grande variété d'aspects curieux et pittoresques, qui ne le cèdent pas à la décoration volcanique de la fameuse vallée du *Yosémite*, ce parc national des Etats-Unis.

APPENDICE

RELATIF AUX ARMES DE PIERRE DES INDIENS ARCTIQUES.

En relisant ce que j'ai écrit plus haut (p. 292 et suiv.) sur les armes en pierre des peuplades modernes de l'Amérique arctique, je m'aperçois que j'ai omis plusieurs considérations importantes dont le défaut pourrait donner le change sur le sens de mes conclusions. Je dois donc y revenir.

I. Dans cette étude j'ai démontré, par des faits palpables et qui ne redoutent pas le contrôle, la *contemporanéité actuelle* d'armes et d'instruments en pierre que certains archéologues classent ordinairement dans quatre catégories qu'ils appellent des *âges*, c'est-à-dire des périodes plusieurs fois séculaires et d'une longueur qu'ils ne peuvent déterminer. De ma démonstration j'ai conclu, par analogie, que cette contemporanéité a pu également se produire à une époque antérieure à notre ère ; et qu'en tout cas les armes que j'ai soumises à l'examen d'hommes compétents fournissent une probabilité suffisante en faveur de cette opinion, et contradictoire à la théorie des périodes indéterminées. D'ailleurs, depuis la découverte de l'Amérique et de l'Océanie, n'avons-nous pas la preuve péremptoire du synchronisme du prétendu *âge de pierre* avec notre civilisation avancée ? Le sauvage est un homme séquestré volontairement ou forcément de la société, et contraint de vivre et de se reproduire en dehors du milieu et de l'état pour lesquels la divine Providence l'a créé. Partout où on l'a rencontré on a trouvé l'usage de la pierre plus ou moins bien travaillée, rarement celui des métaux, parce que l'exploitation des mines, la fonte, la forge, la cémentation, le moulage, etc., sont des travaux qui exigent un grand déploiement de forces et de moyens mécaniques, ou un vaste concours de bras, et qui requièrent l'appui mutuel de plusieurs intelligences vers un but commun. Or, rien de cela n'est compatible avec l'état sauvage; c'est le fait de la société. Nous ne faisons donc de la pierre qu'un instrument caractéristique de la vie sauvage et non point de l'âge primitif de l'humanité. Toutes les fois que l'homme civilisé sera rejeté dans cet état forcé et insolite où nous voyons le sauvage, et qu'il se verra condamné par la force des circonstances à s'y industrier pour vivre ou à périr, son esprit ingénieux et inventif lui fournira aussitôt tous les moyens de vaquer à sa subsistance. Ce sont les matériaux les plus vulgaires, tels que la pierre et le bois, qui deviendront naturellement ses agents; et l'*âge de pierre* sera ressuscité. S'il trouve du métal natif sous sa main, il s'en servira; mais cette exploitation ne pourra être faite que sur une très-petite échelle.

On devrait donc, ce me semble, ne pas se servir de termes si exclusifs dans leur généralité, et remplacer ici le mot *âge* par le mot *usage*.

C'est, en effet, pousser l'induction trop loin que de vouloir que nous ayons tous été sauvages, parce que le sol que nous habitons recèle les vestiges de quelques peuplades; et, parce qu'il existe encore des hommes qui se sont servis d'instruments en pierre, de prétendre que l'humanité entière a dû nécessairement en être réduite à ces premiers rudiments; que ses progrès ont été précédés d'une ignorance et d'une incapacité à peu près absolue; en un mot, que la sauvagerie est l'état primitif de l'espèce humaine.

Voilà un sentiment contre lequel s'élève notre raison; car c'est vouloir lui demander qu'elle abdique la couronne de génie, d'intelligence et de gloire dont l'a favorisée Celui qui la créa à sa ressemblance; c'est vouloir lui demander qu'elle méconnaisse sa propre nature, et qu'elle se révolte contre son Auteur en repoussant l'autorité de la plus antique et de la plus irréfragable des histoires.

On dit que ceux qui émettent cette opinion s'efforcent par là de relever et d'exalter la raison humaine. C'est ce que nous ne saurions croire, puisque, au lieu de rapprocher l'homme de Dieu, ils le font, autant qu'ils peuvent, le plus voisin possible de la brute. Je sais bien qu'une des qualités qui distinguent l'homme de l'animal est cette faculté de progresser et de se perfectionner, en s'élevant toujours de plus en plus de son état de déchéance originelle vers la perfection infinie de son Créateur; mais je n'ignore pas non plus que le progrès dont on veut faire l'homme préhistorique susceptible, ou plutôt *passible*, consiste à le faire passer successivement du rang le plus infime de l'échelle sociale, pour ne pas dire de l'animalité, au degré de civilisation où nous nous trouvons. Eh bien, notre foi et notre raison répugnent à admettre une telle théorie, soit qu'on explique cette progression par la puissance de la volonté humaine réagissant violemment et d'elle-même contre la matière, soit qu'on attribue à l'homme une force ascensionnelle instinctivement propre à sa nature et qu'il subirait sans s'en rendre compte. Et quelle est, me direz-vous, la raison de votre dénégation ? Elle réside en ce que le sauvage, cet être que l'on prend pour l'homme primitif, n'a pu se civiliser lui-même, mais qu'il s'en est allé s'enfonçant toujours de plus en plus dans sa propre misère, accumulant vice sur vice, parfois crime sur crime, jusqu'à ce qu'il ait atteint le point où nous l'avons vu. Ses traditions, sa propre histoire attestent qu'il est déchu d'un état primitif, et non point qu'il se trouve dans l'état d'origine.

Un jour peut-être pourrai-je livrer à l'impression ma collection de légendes indiennes. Quelque naïves qu'elles soient, leur valeur ne saurait être déniée par tout homme de bonne foi, dépourvu de préjugés antireligieux. Il ne saurait entrer dans mon plan de relater ici les traditions de nos Peaux de lièvre et de nos Loucheux du cercle polaire; toutefois, je dois à mes lecteurs la preuve de ce que j'ai avancé touchant l'état forcé du sauvage et sa déchéance. J'espère bien qu'elle servira aussi à démontrer que *l'usage des armes de pierre* appartient à cet état anormal et non à celui de l'homme primitif.

Ces ignorants et obscurs sauvages, que plusieurs ethnologues considèrent peut-être comme ayant été tels depuis leur origine, que d'autres croient être foncièrement autochthones, bien qu'ils ne le soient que par rapport à l'époque de la découverte, ces Indiens arctiques prétendent qu'ils n'ont pas toujours habité sur le sol où nous les avons trouvés, mais qu'ils ont vécu, à une époque fort éloignée (*enwin*), dans une autre patrie plus belle que la présente, qui est nommée par les Peaux de lièvre *L'énènè,* c'est-à-dire l'autre terre (1). Il s'y trouvait des animaux appartenant à des espèces inconnues en Amérique, tels que de grands lynx, *nonta-tchô* (lynx-grands); de grands chats qui ne procédaient que par bonds, *na"ay* (celui qui se dresse, qui se cabre); des ovipares monstrueux au corps revêtu de dures écailles, *épè kotsi* (celui qui pond des œufs); des animaux grimaciers qui se perchaient sur les arbres: nous reconnaissons ici des quadrumanes, *kun"hè* (celui qui piétine, qui marche sur ses pieds comme l'homme); des vers gigantesques d'une beauté si grande, qu'on se sentait comme pétrifié et cloué sur place dès qu'on les avait vus; ce sont incontestablement des serpents, *naduwi* (celui qui rampe), *natéwédi* (celui qui est le mal, la mort, le serpent), *gu-tchô* (grands-vers); de grands animaux à peau si dure qu'on ne pouvait les tuer; pachydermes ou grands ruminants, *éti-rakotchô* (renne gigantesque), *ti-kokpon-tchô* (le grand marcheur terrestre); enfin des animaux petits, maigres et cartilagineux, sorte de protées qui revêtaient toutes les formes; peut-être était-ce des caméléons, *ekkwén* (le maigre).

Dans cette terre que certains sauvages prétendent avoir été détruite, mais que d'autres disent avoir changé de côté et avoir passé de l'orient, où elle se trouvait par rap-

(1) Tel est aussi le nom que ces Indiens donnent à leur ciel.

port à eux, bien loin dans l'occident, un peuple puissant opprimait les Loucheux et les Peaux de lièvre. Ce peuple se rasait la tête, portait de faux cheveux et se coiffait de casques, que les *Dindjiés* désignent comme des *bonnets en forme de forcine* ou *bourrelet végétal* (*tchin-pié-ttsarè; detch-pan-al'pwo-ttsè*). Ses guerriers se couvraient la poitrine d'une tunique de peau d'élan revêtue d'une foule de petits cailloux coagulés en manière d'écailles (cuirasse); ce qui les rendait comme invulnérables à leurs traits. Ce peuple était si cruel, si soupçonneux, que les malheureux *Dindjiés* en étaient réduits, disent-ils, à rire dans une outre ou dans une vessie d'élan, de crainte d'être entendus de leurs persécuteurs.

Fort heureusement pour les *Dénès-dindjiés*, à cette époque mémorable ils possédaient des héros dont l'un, *Kotsi-dat'èh* (celui qui opère par le bâton, en peau de lièvre), délivra ses compatriotes des mains de leurs ennemis. Au lieu d'un bâton, les *Dindjiés* lui mettent entre les mains la ramure fourchue d'un renne. Au moyen de cet instrument cet homme puissant entr'ouvrit la mer en la frappant et la fit traverser à pied sec par ceux qu'il appelait ses frères.

Un autre héros, nommé *Fwa-éké*, était d'une telle force, qu'il saisit un jour par la queue un de ces grands lynx dont il a été question plus haut, le fit tourner autour de sa tête et le lança contre les rochers, où il lui brisa le crâne. Un troisième, *Ekka-dék'iné* (celui qui a traversé toutes les difficultés), fit un grand massacre de géants et purifia la terre de tous les animaux nuisibles. Un quatrième, nommé *Nayéwer* (celui qui réfléchit, qui crée par sa pensée), se servait d'une fronde pour toute arme. Entre autres exploits il parvint jusqu'au pied du ciel et pénétra vivant dans le pays des mânes, etc., etc.

A cette époque les *Dénè-dindjiés* faisaient, disaient-ils, usage de lances, *shunsh*, *fwan*, *izjié*, qu'ils m'ont dépeintes comme des couteaux fixés par une ligature au bout d'une perche : d'épieux, *tè-zal'*, *tè-ézéy*, *izjæ*, sorte de cornes munies d'un crochet et également emmanchées ; d'arbalètes, *elkk'itchan*, *t'elkkêdhi-tchin*, *kfwè-ékkè-tchênè ;* de dagues, et enfin de boucliers, *elkóni*, *êkóni*, *êkaïn*. Ceux-ci étaient oblongs et concaves, c'est-à-dire de la forme du *clypeus* romain, mais de grande dimension, comme le bouclier gaulois. Les *Dénès* le suspendaient à leur cou tout en le soutenant du bras gauche par le milieu.

Aucune de ces armes offensives et défensives, qui supposent la connaissance et l'usage des métaux et un état de civilisation avancé, n'a suivi les *Dénès-dindjiés* en Amérique. On peut s'en convaincre en parcourant les relations de Hearne et de Mackenzie, premiers explorateurs de ces régions lointaines. Ils ne trouvèrent chez ces Indiens septentrionaux que l'arc et les flèches, ainsi que les armes de pierre dont j'ai rapporté quelques échantillons. Les pointes de leurs flèches étaient de phonolite ou de quartz compacte, ou bien encore d'os ou d'ivoire.

Il n'est pas jusqu'aux Esquimaux des bouches de l'Anderson et du Mackenzie qui n'aient conservé la connaissance et les noms de la lance : *kápona ;* de l'arbalète : *tçakoyark ;* de la dague : *kîgalik*, et du bouclier : *tálutark*, bien qu'on n'ait jamais trouvé chez eux de vestige de ces armes.

Il est donc bien évident que l'usage des instruments de pierre, au lieu d'être une preuve de l'état primitif de ces peuplades, est au contraire celle de leur déchéance et de leur dégradation.

L'usage de la pierre, soit simplement taillée, soit polie, ne saurait donc constituer une note de haute antiquité ; encore moins pourrait-il prouver que l'humanité a commencé par là, et qu'il a formé une période universelle à laquelle on puisse appliquer avec raison le nom d'*âge de pierre*.

Donc, la seule conclusion plausible que nous soyons en droit de tirer des découvertes fréquentes qui se font dans les cavernes à ossements, dans les brèches osseuses, les carrières abandonnées ou les sépultures antiques, d'instruments en pierre fruste ou polie, est que ces silex sont une preuve qu'il a jadis existé en Europe de vrais sauvages, de vrais déchus comme nous en voyons encore dans les autres parties du monde, c'est-à-dire des sortes de Bohémiens nomades vivant par petits groupes sous des tentes, des cahutes, dans des grottes, et séquestrés pour une cause ou pour une autre, du foyer de la civilisation et de la société depuis un temps plus ou moins long.

Que des milliers d'années nous séparent maintenant de ces misérables peuplades, cela est non-seulement probable, mais encore raisonnable et admissible. Que telle ait été la condition originelle de l'humanité ; que l'homme ait passé successivement de la connaissance et de l'emploi de la *pierre taillée* à celui de la *pierre polie*, après avoir employé plusieurs centuries à émettre l'idée qu'il pourrait bien perfectionner les pierres qu'il employait brutes ; que de cette seconde étape il soit parvenu, après maints tâtonnements, à découvrir et à faire usage du cuivre, puis enfin du fer, voilà ce que nous ne pouvons admettre, parce que de telles conclusions ne sont point renfermées dans les prémisses posées jusqu'ici par les faits.

Comment expliquerons-nous alors la transition de l'usage de la pierre taillée ou polie à celui du bronze et du fer ? Par l'invasion d'un peuple conquérant, par l'arrivée d'une colonie, partie du centre de la civilisation, et qui aura afflué en masse dans les lieux où végétaient tristement ces misérables peuplades. Dès que les produits supérieurs d'une industrie qui est le fruit de la société auront été livrés à ces sauvages, ils auront dû s'empresser de mettre de côté les grossiers outils dont la pénurie dans laquelle ils avaient vécu leur dicta seule l'usage. Mais il leur aura fallu néanmoins un certain temps avant que tous aient pu acquérir ces armes et ces instruments alors de luxe et de curiosité pour eux ; avant que ceux-ci aient entièrement détrôné et remplacé les premiers ; avant que les vieillards et les routiniers aient consenti à adopter les produits manufacturés par les vainqueurs. Et voilà comment il y aura eu concomitance et contemporanéité entre les armes et les outils de fer et ceux de silex.

C'est ainsi que les faits se sont passés et se passent encore chez les peuplades sauvages du nouveau monde. Pourquoi n'auraient-ils pas pris place de la même manière parmi les tribus sauvages des Gaules, de la Germanie ou de la Grande-Bretagne ?

Voilà les réflexions que me suggère le premier fait de la *contemporanéité* actuelle de la pierre taillée, de la pierre polie, du bronze et du fer chez nos sauvages de l'Amérique arctique. Je passe maintenant à un second chef.

II. J'ai reconnu dans mon rapport, par la comparaison que je fis de mes armes sauvages avec les nombreux et très-curieux spécimens que renferme notre beau musée de Saint-Germain en Laye, qu'il y a *similitude de types* entre mes échantillons et ceux ayant appartenu à des peuplades européennes que séparaient d'immenses distances. C'est ainsi que j'ai constaté l'homotypie de la hache des Peaux de lièvre avec celles du Danemark, des Asturies et de la région du Caucase; la ressemblance des couteaux et des lancettes peaux de lièvre avec les mêmes instruments de la Scandinavie et des Gaules.

Cette similitude de formes constitue-t-elle d'une manière irréfragable une identité *d'origine nationale?* C'est ce qu'il serait téméraire d'assurer, parce que nous serions alors contraint, pour être conséquent avec nous-même, d'admettre que tous les caractères communs à plusieurs peuples font de ces peuples des frères sortis immédiatement de la même souche, ce qui est erroné. Ainsi, par exemple, nous devrions croire que la nation chinoise est un fragment de la souche pélasgienne ou germanique, parce qu'elle a la connaissance, comme les peuples pélasgiens et germaniques modernes, de l'imprimerie, de l'artillerie, de la boussole, des chaises à porteurs, des lunettes, etc.

Ce dont l'homotypie de ces armes et ustensiles nous est

une preuve incontestable, c'est de l'*identité de l'origine commune et primitive* des diverses nations auxquelles ils appartiennent. D'ailleurs, sur ce second chapitre, les conclusions générales, quelque gratuites qu'elles puissent être (à moins qu'elles ne soient étayées d'autres preuves fournies par les langues, les traditions et les coutumes), ne sauraient avoir de fâcheuses conséquences pour la vérité. Aussi n'avons-nous pas à les combattre.

On ne s'étonnera pas de nous voir invoquer les traditions et les coutumes des peuples en cette affaire. Ce n'est pas, en effet, sans raison que nous suivons le sentiment d'un très-grand nombre de penseurs et de savants distingués qui considèrent l'accord des traditions appartenant à des peuples divers, ainsi qu'une similitude constante dans les costumes et les usages, comme un fondement plus solide d'induction et un *criterium* plus infaillible de certitude que les données fournies par l'étude de quelques ossements, par les ressemblances qui existent dans la taille et la forme des instruments et des armes. Plus on se rapproche du berceau du genre humain, plus on remonte à l'origine des peuples, et plus ces similitudes dans les coutumes et les traditions doivent devenir nombreuses.

Ceux qui ne veulent pas admettre le *Fiat lux!* parce qu'il leur faudrait pour cela une foi trop robuste en Dieu, songent-ils qu'ils demandent de nous un acte de foi bien plus difficile, en s'arrogeant, eux, hommes faillibles, la faculté de deviner, par l'examen des protubérances d'un crâne, par la mesure de son angle facial, par le degré d'élévation des pommettes, si cette boîte osseuse provient d'un Gallo-Romain ou d'un Celte, d'un Teuton ou d'un Basque, d'un Cimbre ou d'un Tectosage?

Qu'il soit aisé de distinguer le crâne d'un nègre du Mozambique ou d'un Malais d'avec celui de l'Européen de type caucasien, passe. Il existe entre ces grandes catégories des différences constantes et caractéristiques. Mais, de grâce, quelle théorie solide veut-on établir à l'aide de deux douzaines de crânes (mettons-en une centaine, si vous voulez), ramassés dans vingt localités différentes et ayant peut-être appartenu à vingt peuples divers! Avant l'époque préhistorique, les cervelles de l'humanité et leur récipient furent-ils coulés dans un seul et même moule ou dans une série constante de moules, pour que la phrase antique *Ab uno disce omnes* soit appliquée ici comme règle indubitable?

On le voit, en suivant cette marche systématique nous tombons dans les ineffabilités de Gall et dans les rêveries de la phrénologie.

Quelle diversité de formes le crâne humain n'admet-il pas dans une seule ville, dans un bourg, dans un hameau et même dans une seule famille! Que de divergences dans la taille des individus qui composent ces petits centres sociaux! Vous taxeriez de sottise l'étranger qui, après l'examen d'un seul des membres qui en font partie, conclurait que tous les autres lui ressemblent; ou bien celui qui, voyant deux hommes de la même ville de taille et d'aspect différents, jugerait qu'il y a dans cette cité deux types distincts par l'aspect et par la taille. Eh bien, n'est-ce pas dans la même erreur que tombent bien souvent les antiquaires craniologues?

On peut en dire presque autant des ressemblances entre les armes et les outils. En pays civilisé, il existe des manufactures et des fabriques, l'industrie a adopté un certain nombre de types pour n'importe lesquels de ses produits, et de plus elle les estampille. Il est donc aisé de savoir à quel peuple, à quelle ville et à quel fabricant appartient tel ou tel objet; mais chez des sauvages qui n'ont d'autre norme que le goût, le caprice, la fantaisie et les aptitudes d'un chacun, comment, de la similitude d'un grand nombre de types, pourrez-vous conclure qu'ils émanent tous du même peuple? On risquerait si fort de se tromper, que celui-là ferait en effet fausse route qui, de la ressemblance des haches *peaux de lièvre* avec celles des anciens Scandinaves du Danemark, serait porté à admettre que les sauvages de Good-Hope sont d'anciens Scandinaves.

Toutefois, je le répète, je fais une restriction sur ce chapitre ; car, outre qu'il ne peut y avoir aucun danger pour la foi et la vérité à établir de semblables analogies, il peut se faire que l'on rencontre juste, pourvu que l'on s'étaye d'autres preuves. Je clos donc ici cet appendice déjà si long en souhaitant aux savants éminents qui composent nos Sociétés de France qu'ils puissent éclaircir au plus tôt cette intéressante question historique. Je la crois tellement liée avec celle de l'origine des peuplades du nouveau monde, que je pense que l'étude des traditions et des coutumes indiennes doit marcher de pair avec celle de l'archéologie préhistorique. Sans aucun doute la sainte Bible nous fournira en tout ceci d'abondantes lumières, car ce n'est pas sans raison qu'il est écrit : *In lumine tuo, Deus, videbimus lumen.*

Paris. — Typographie A. Hennuyer, rue d'Arcet, 7.

PARIS. — TYPOGRAPHIE A. HENNUYER, RUE D'ARCET, 7.

www.ingramcontent.com/pod-product-compliance
Ingram Content Group UK Ltd.
Pitfield, Milton Keynes, MK11 3LW, UK
UKHW021820190726
13853UKWH00003B/1093

9 782329 599618